Marlitt Wendt

Parler avec son *cheval*

Le motiver par le renforcement positif

VIGOT

SOMMAIRE

Entamer le dialogue

Un amoureux du cheval passe souvent le plus clair de son temps libre en compagnie de ses compagnons favoris. La relation qui en naît évoque une danse, une communication bidirectionnelle entre l'humain et son partenaire quadrupède, alimentée par l'empathie et la compréhension que manifeste le premier au second. Pour dresser un cheval, il est essentiel de choisir une méthode adaptée à celui-ci mais aussi à l'homme, de sorte que ce dernier apprenne, outre les pas de danse, l'essence du style. Ce n'est qu'après que l'on peut envisager d'y ajouter des pas plus complexes et des chorégraphies, des mouvements plus techniques ou même des improvisations.

Le dressage du cheval par renforcement positif repose sur le comportement d'apprentissage propre au cheval, sur sa psyché. Seule une personne comprenant le pourquoi et le comment du comportement et du raisonnement du cheval peut véritablement entamer un dialogue avec lui. Ce n'est qu'alors que l'on peut commencer à travailler sur sa propre capacité à « danser » et peaufiner sa technique.

Les exercices présentés dans cet ouvrage ne sont que quelques exemples pratiques d'un possible programme de travail. J'insiste sur le mot « possible » car bien évidemment, chaque élément du dressage doit être taillé sur mesure selon les aptitudes de l'individu cheval. Aucune méthode garantie infaillible n'existe et ce n'est que par l'empathie et la compréhension du fonctionnement mental du cheval que l'on parvient au succès ensemble.

Notre quête de la perfection technique nous distrait trop souvent de ce qui est essentiel au quotidien : le plaisir de travailler ensemble et l'équilibre émotionnel du cheval comme du cavalier. Dans une salle de danse comme dans un manège, une gestuelle exprimant le plaisir et l'équilibre intérieur vient récompenser le respect mutuel du cheval et du cavalier. Aucun être, humain ou cheval, n'est identique ; c'est pourquoi il incombe à l'homme de trouver la forme de dialogue qui, tout en lui convenant, ouvre la voie à la communication avec le cheval.

Marlitt Wendt, août 2011

Une autre voie est possible

Une question de feeling

Pourquoi tant de cavaliers consacrent-ils leur précieux temps libre à des exercices fastidieux pour se plaindre ensuite que leur cheval ne travaille pas bien ? Ils ont souvent recours aux moyens les plus coercitifs prônés par les méthodes de dressage traditionnelles tout en étant eux-mêmes rien moins qu'heureux. Était-ce ainsi que nous imaginions l'équitation ? Souvenez-vous : vous vouliez vous amuser, savourer le grand air avec votre cheval, oublier tous vos soucis et ne faire plus qu'un avec votre monture. Et fréquemment, que reste-t-il de ce rêve ? Rien. Que la quête du dépassement, le sentiment de n'être pas assez bon encore aggravé par la pression sociale des autres propriétaires à l'écurie. En d'autres termes, la frustration. Est-ce vraiment obligatoire ? N'y a-t-il pas d'autres méthodes de dressage que la force et la coercition ? Si, je vous l'assure. Le dressage et le temps que vous passez en compagnie de ces magnifiques créatures peuvent être tout différents. Une autre voie est possible.

Pour l'homme, comme pour le cheval, on apprend plus vite en s'amusant.

Où est passé le plaisir ?

Monter à cheval et dresser des chevaux, c'est du travail : voilà typiquement une prophétie auto-réalisatrice. C'est la leçon que l'on apprend des exercices courants tels que le travail à pied, les leçons d'équitation... Le temps que l'on passe avec le cheval est marqué par une ambiance de dur labeur et les objectifs très précis que l'on s'assigne. Or, le travail est rarement perçu comme ludique. Corollaire : le travail impliquant l'assimilation de certains mouvements ou encore le dressage et l'assouplissement du cheval, il ne peut en aucun être amusant, ni pour le cheval ni pour le cavalier. Vous croyez réellement ? Est-ce vraiment une fatalité ?
Rappelez-vous un moment de vraie détente et de plaisir, par exemple des vacances particulièrement agréables. Vous êtes sans doute capable de vous remémorer quantité de détails infimes, la mer étincelant au loin, les senteurs exotiques, les saveurs des mets inconnus... Rétrospectivement, vos vacances vous paraissent peut-être plus longues qu'elles ne l'ont été en réalité ; les

jours étaient emplis d'expériences dont quantité de détails apparemment insignifiants se sont profondément gravés dans votre mémoire. C'est précisément parce que vous n'avez eu à aucun moment l'impression d'être obligé d'assimiler ou de vous rappeler quoi que ce soit. L'apprentissage, et avec lui la réminiscence du moindre détail, est en fait une résultante de l'expérience. Vos souvenirs si précis et si nombreux sont totalement accidentels, vous n'avez pas plus eu conscience de vous imprégner de ces instants que vous ne l'avez souhaité.

Mais de même que l'homme enregistre inconsciemment les bonnes expériences, le cheval peut apprendre en s'amusant et en tirer du plaisir. Il faut pour cela se débarrasser de la volonté de lui enseigner. Le passage du rang de supérieur, de professeur, à une collaboration entre élèves sur un pied d'égalité va de pair avec un changement de perspective. Souvenez-vous : le cheval est parfait tel qu'il est, c'est à l'homme d'apprendre à se faire comprendre et à communiquer avec lui. Chaque méthode de dressage repose sur des préceptes et des convictions que les adeptes de la méthode se sont appropriés. Et qui peuvent les opposer : l'un croit que la Terre est plate et que le Soleil et les étoiles tournent au-dessus, l'autre la pense ronde et en orbite autour du Soleil. Leur idée du monde et de la réalité s'oppose forcément ; pourtant chacun estime que son opinion est la seule valable. Dans la plupart des méthodes actuelles, le

Dresser sans contraindre n'est pas impossible.

système de croyances sous-jacent repose sur la volonté d'enseigner des exercices précis et la conviction que cet enseignement passe nécessairement par une relation de dominance et de hiérarchie. Le cheval apprend à répondre à l'application délibérée de la pression et à son relâchement. Il doit se soumettre sans condition aux demandes de son cavalier, et l'esprit d'initiative n'est pas encouragé. Mais si le cavalier ne se sent pas à l'aise dans ce système de croyance, peut-être parce qu'il ne reflète pas ses convictions personnelles et qu'il a du mal à accepter le traitement infligé au cheval ou s'y refuse, il ne tirera aucun vrai plaisir de sa pratique équestre.

En règle générale, les traditions ont laissé une profonde empreinte sur l'équitation, de même que les observations et les opinions personnelles des maîtres reconnus. La méthode présentée ici repose moins sur la tradition que sur la connaissance scientifique de la psychologie de l'apprentissage et la science comportementale élémentaire. C'est pourquoi je présuppose les définitions et théories suivantes, issues de l'étude scientifique du comportement animal (éthologie), que je clarifierai et expliquerai tout au long de cet ouvrage :

- Le cheval apprend constamment et de chaque situation.
- La non-communication n'existe pas.
- L'apprentissage est un processus individuel sans rapport avec la hiérarchie.
- Les signaux ne sont pas des ordres.
- Les gens ne sont pas nécessairement plus intelligents que les chevaux, ils ont simplement un autre type d'intelligence.
- On peut dresser sans contraindre.

Tout système de convictions a un effet sur la psyché de la personne qui l'adopte. Celui qui voit le cheval comme un animal de travail, comme c'est le cas dans la tradition western, tend à donner la priorité absolue à l'obéissance et a du mal à intégrer le jeu à sa pratique. Mais on peut envisager le dressage autrement, en se focalisant sur le « nous » et en mettant le plaisir de l'animal au premier plan, en le laissant collaborer volontairement. Dans ce cas, la compréhension mutuelle emplit le cheval et l'humain d'enthousiasme, le premier récompensant le second par une attention accrue et par une franche curiosité pour ce qui devient alors un agréable loisir commun.

Les droits du cheval

Chaque cavalier et chaque amoureux du cheval doivent accorder une vraie réflexion aux droits naturels du cheval. Selon la législation sur le bien-être des animaux, chaque animal doit se voir procurer des soins, une alimentation et un logement qui conviennent à sa nature. À mon humble avis, le cheval a aussi droit à un traitement et à un travail bienveillants et respectueux de l'éthique. Il importe chaque fois que possible de poursuivre ses objectifs de travail sans coercition ou force physique, sans oublier que la pression psychologique est une forme de contrainte à ne pas sous-estimer. Les aides d'un cavalier ou les ordres qu'il donne ne sont pas tant des commandes que des requêtes faites au cheval. Il recherche un

Chaque cheval a droit à un traitement juste et à des soins appropriés.

dialogue avec le cheval ; or, dans tout dialogue, chacun doit avoir l'occasion de faire valoir ses commentaires et son point de vue. Bien sûr, certains moments exigent le contrôle pour éviter de mettre quelqu'un en danger, mais ce ne devrait pas être la seule base du travail, comme on l'enseigne pourtant souvent. Par conséquent, il faut savoir faire la différence entre des séances de travail où le cheval est libre d'assimiler sans craindre la contrainte ou la punition et celles qui tolèrent des exceptions à cette règle.

Ne renoncez pas à vos rêves

Il est parfois difficile de changer sa façon d'être, surtout quand on appartient à un système social aussi fortement traditionnel que le monde équestre. Les avis et les opinions sont fermement ancrés : « C'est ainsi qu'on fait depuis toujours », « Si on ne le fait pas obéir, on se fait vite marcher dessus ». Celui qui essaie de se défaire de ce carcan, même timidement, va rapidement s'en trouver mis à l'index ; au

Vivre le même rêve ensemble.

mieux on l'évite ou on s'en moque, au pire il peut se trouver confronté à une véritable hostilité. Cependant, pour réaliser le bonheur du cheval et le vôtre, il n'y a pas d'autre choix que de suivre son propre rêve, la façon dont on imaginait, avant, les moments ensemble. Aimeriez-vous être traité comme souvent un cheval pendant une leçon d'équitation ? Si la réponse est non, alors demandez-vous sincèrement si vous trouverez jamais le bonheur dans l'enseignement et le dressage équestre selon la tradition. Vous avez vous aussi vos droits, et le pouvoir de les vivre : en compagnie du cheval, vous devez être libre de faire vos choix et de tirer du plaisir de votre pratique.

Méditation sur soi

Un long processus d'apprentissage, d'observation et de recueil d'expériences est naturellement nécessaire avant d'être parfaitement à l'aise dans le travail du cheval et en sa présence. Chevaux et humains sont des êtres vivants complexes ; les comprendre exige un certain niveau de connaissance et de pratique. Une fois passé ce premier stade vient le moment d'établir un plan de travail défini d'après ses objectifs, car seul celui qui suit un programme qu'il comprend peut atteindre son but dans le travail du cheval.

De ce fait, une méthode de dressage n'est rien sans bon dresseur. Le travail par renforcement positif présenté ici est une approche complexe, qui ne peut porter ses fruits sans une étude préalable. Bien qu'elle repose sur une ambiance de travail ludique et détendue, ne confondez jamais cette apparente légèreté avec de l'incohérence ou du laxisme, ni même avec un enseignement incompatible avec l'autorité. Pour instaurer un nouveau mode de communication avec le cheval, il faut énormément de cohérence et un regard très critique sur soi-même, outre un programme de travail bien structuré. Qui plus est, la connaissance des principes de l'apprentissage et des schémas comportementaux du cheval et de l'humain est cruciale. Cette philosophie nouvelle du travail ensemble et du respect du cheval exige une concentration sans faille et une parfaite cohérence de la part de tous les intervenants ; en retour, elle ouvre une fenêtre sur le monde tel que vu par nos compagnons quadrupèdes et sur leurs facultés mentales, qui vous étaient peut-être inconnus jusqu'à présent. Si l'on est réellement prêt à laisser la place à un vrai dialogue, ce partenariat peu conventionnel offre d'innombrables expériences nouvelles et autant de moments de bonheur.

Avant tout dialogue, il faut tomber d'accord sur un langage commun.

Le travail du cheval par renforcement positif

La récompense comme outil d'apprentissage

Dès lors qu'il y a contact avec le cheval, il y a communication. Le langage corporel transmet des informations et des signes que doivent interpréter et donc apprendre les deux partenaires. Il est de ce fait absolument fondamental d'observer attentivement le comportement d'apprentissage de chaque animal. Le cerveau du cheval est le théâtre de différents processus d'apprentissage qui peuvent tourner en permanence en parallèle. Aucun interrupteur ne permet de couper l'assimilation comme par magie pendant une séance de travail ; celle-ci est un processus permanent, même durant le sommeil. C'est pourquoi il importe d'être très vigilant quant aux informations que l'on communique au cheval car il en tire en permanence des conclusions. On peut tirer parti avec plus ou moins de succès de ses différents modes d'assimilation pendant le travail ; imaginez-les comme des canaux par lesquels il reçoit et interprète les images. Pendant ce processus, la connexion émotionnelle du cheval à l'apprentissage et au travail est prépondérante. S'il est heureux en votre compagnie et qu'il tire de votre approbation la fierté de sa réussite, le comportement qui a fait naître ces émotions en lui n'en sera que plus fortement gravé dans sa mémoire.

Le cheval répond à l'appel si le jeu en vaut la chandelle.

L'apprentissage

L'apprentissage, c'est l'adaptation du comportement aux conditions environnementales et des réactions physiques aux changements de situation. Par ses sens, tout être vivant maintient un contact constant avec le monde qui l'entoure, de sorte que le conditionnement est un processus ininterrompu. Chez le cheval, ce traitement de l'information en continu signifie dans la théorie que tout est comportement, dans la pratique qu'il est en interaction permanente avec son environnement et qu'à l'encontre de l'homme il lui est impossible d'afficher une forme de non-comportement, ou de l'impassibilité. Le cheval communique constamment avec l'homme ; il s'ensuit que l'homme ne peut tout simplement pas mettre la communication en pause pendant le travail avec le cheval.

Dans l'apprentissage, le cheval tire des enseignements des résultats de son propre comportement : le comportement récompensé ou gratifiant est à l'avenir proposé plus souvent ; à l'inverse, il présente de moins en moins fréquemment celui qui n'apporte pas de satisfaction, jusqu'à extinction. Ce n'est pas seulement vrai du comportement présent, mais aussi du comportement passé. Le cheval tend à réitérer un comportement déjà récompensé par le passé. C'est par exemple ce qui peut le pousser à quémander des friandises, quand bien même cela n'aurait porté de fruits qu'une seule fois.

Quatre méthodes de conditionnement opérant

Pour influer sur le comportement du cheval et dresser ce dernier par le conditionnement opérant, on a en principe quatre solutions à sa disposition :

1. Imposer au cheval quelque chose de désagréable, pour l'inciter à modifier son comportement (punition positive).
2. Cesser de faire quelque chose de désagréable, par exemple relâcher la pression quand il exécute l'action voulue (renforcement négatif).
3. Lui donner une récompense, quelle que soit la forme qu'elle prend, au titre de la bonne exécution d'un exercice (renforcement positif).
4. Arrêter de faire quelque chose qu'il apprécie, retirant ainsi la récompense, par exemple en cessant de lui gratter l'encolure (punition négative).

La clé de la motivation

Pour qu'un cheval affiche volontairement un comportement en particulier, il doit être motivé comme il convient ; en d'autres termes, il doit avoir de lui-même la volonté d'exécuter sa mission. Par le renforcement positif, sur le principe de la récompense, on motive le cheval, qui devient plus désireux de coopérer. Plus actif, il travaille de bon gré quand le jeu en vaut la chandelle, au vrai sens du terme. Tout comme vous travaillez pour en tirer un profit matériel (ou même immatériel) comme un salaire, le cheval lui aussi veut voir des résultats à ses efforts.

Le conditionnement opérant par renforcement positif stimule l'intelligence du cheval et sa connexion aux gens qui l'entourent.

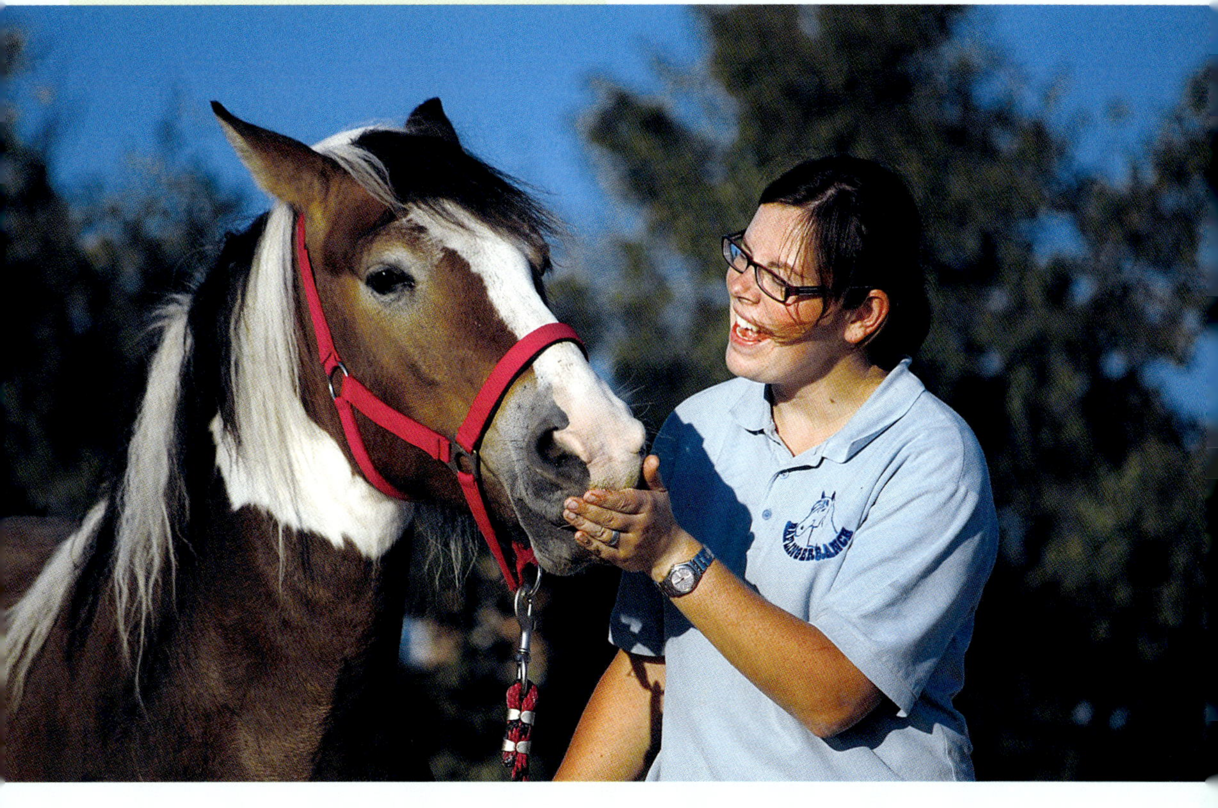

Jouer à chat, c'est aussi une récompense.

La récompense est d'autant plus efficace qu'elle satisfait un besoin élémentaire du cheval, comme la faim ou le besoin d'affection humaine, mais ce peut être aussi simplement un objet qu'il apprécie. On a donc à sa disposition diverses options, selon les préférences du cheval. Des friandises enverront certains au nirvana, tandis que d'autres se languissent plus d'un petit massage ou d'un jeu du chat et de la souris. Quand on sait ce qui marche, on peut varier la récompense - le renforçateur primaire - en fonction de la situation. Le jeu n'est évidemment pas un renforçateur primaire pratique en selle ; il est plus raisonnable d'opter pour une friandise ou une gentille friction.

La récompense est un renforçateur

Le cheval associe mieux un mouvement et la récompense quand celle-ci lui est donnée pratiquement simultanément. Lors d'expériences standardisées, les chercheurs comportementalistes ont découvert que l'on n'avait que trois secondes, au maximum, pour récompenser. Dans la pratique, quand vous travaillez entouré d'un niveau de distraction normal, ce temps passe à une ou deux secondes au maximum. Le cheval apprend d'autant plus rapidement que l'action (ou réaction) et la récompense surviennent exactement en même temps. Avec un mauvais timing, le cheval risque d'assimiler un mouvement totalement différent de ce qu'on essaie en fait de lui enseigner.

Voici un exemple d'erreur de timing dans la récompense : je me tiens debout à côté de mon cheval à l'attache. Je veux qu'il se déplace pour me laisser passer de l'autre côté. Je lui donne le signal – qu'il a déjà appris, en touchant son flanc par exemple. Il obéit, ce qui mérite une récompense. Le temps que je fouille dans la poche de ma veste, mon cheval s'impatiente, tape du pied par terre ; c'est là que je lui donne sa friandise. Que vient-il d'assimiler ? Qu'est-ce que je viens exactement de récompenser ? Plus que probablement, le cheval n'associe plus son demi-tour autour des épaules à la friandise, car il m'a fallu plus de trois secondes pour trouver la friandise et lui offrir. Il va associer la récompense à son mouvement au moment où je la lui ai donnée : taper du pied, comportement nettement moins souhaitable et qu'il proposera désormais plus fréquemment puisque de son point de vue, c'est ce geste qui lui a valu la récompense. J'ai donc renforcé un comportement inopportun parce que je n'ai pas fait suffisamment attention à faire coïncider le renforçateur et le mouvement à renforcer.

Un renforcement efficace nécessite la distribution des récompenses à un instant précis.

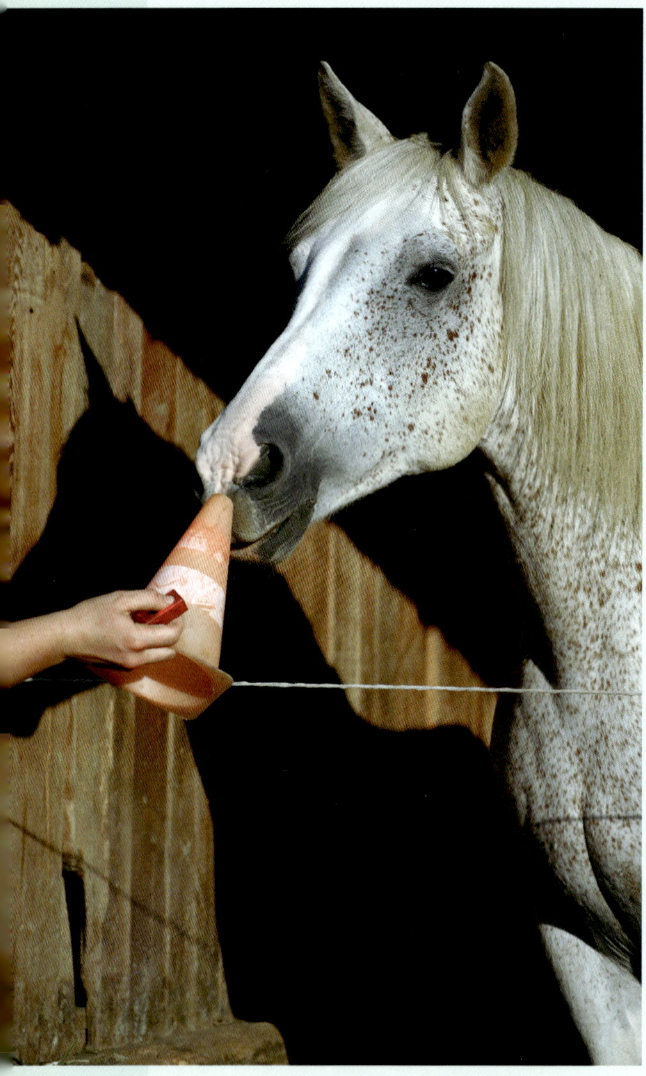

Un clicker permet de marquer clairement l'action désirée.

À première vue, la même chose... Et pourtant pas du tout

Le moment précis auquel la friandise, ou autre renforçateur, est donnée au cheval est donc d'une importance cruciale. Cependant, on peut très simplement contourner le problème du temps de latence, qui peut se poser par exemple dans le travail à une certaine distance, comme c'est le cas à la longe, en enseignant au cheval un système de renforcement plus général. Pour cela, il faut se mettre d'accord sur un langage commun positif et motivant. La première étape vers cette langue vernaculaire commence quand le cheval apprend à associer un son particulier avec la récompense qui le suit immanquablement. Ce bruit marque le comportement qu'il doit reproduire plus souvent et lui montre qu'il est sur la bonne voie. Dans la pratique, le son réellement émis n'a absolument aucune importance ; cependant, il ne doit avoir pour lui aucune signification avant le début du dressage. En d'autres termes, il doit être aussi neutre que possible. En dressage, en général, le son reconnaissable entre tous du clicker a fait ses preuves. Un clicker est une petite boîte en plastique munie d'une languette métallique sur laquelle on appuie et qui, quand on la relâche, produit un cliquetis sec. Cependant, le cheval doit préalablement être désensibilisé au son, avant d'entamer réellement le conditionnement qui lui apprendra son importance. Pour pouvoir être utilisé comme renforçateur sonore dans le dressage, le son doit être reproductible et facile à distinguer de la voix humaine. C'est là que l'avantage du clicker est évident, car il produit un son clairement reconnaissable qui se démarque de la parole humaine. Il est également audible d'assez loin, car il tombe dans une gamme de fréquences que le cheval entend particulièrement bien.

Pour tirer parti de ce conditionnement préalable dans le dressage ensuite, le cheval doit apprendre qu'une récompense physique – le renforçateur primaire – suit toujours la récompense sonore – le renforçateur secondaire. C'est ce qu'on appelle « charger le clicker » ou encore « amorcer le cheval au clicker ». Il vous conditionne aussi, en vous apprenant à signaler au cheval même sans vous tenir directement devant lui, friandise dégainée, qu'il a fait quelque chose correctement. Vous disposez d'un délai supplémentaire pour lui donner sa récompense gustative. Dans le cas d'école précédent, j'aurais cliqué à l'instant où le cheval se déplaçait avant de lui donner rapidement après sa friandise. Mais il y a un prérequis : le cheval doit avoir déjà été amorcé, car ce renforçateur secondaire ne vaut que s'il comprend la signification du clicker, et fait ainsi le lien : il sait qu'il n'a reçu la friandise que parce qu'il s'est déplacé. Le clicker training, ou n'importe quel dressage avec marqueur sonore, permet d'indiquer précisément l'instant où le mouvement attendu est présenté, condition *sine qua non* d'une bonne communication et d'un programme de travail fructueux. Le cliquetis devient le renforçateur secondaire dans le processus de conditionnement ; en d'autres termes, il sert à avertir que le renforçateur primaire – celui qui est mangeable, le plus souvent – est imminent.

Clic, récompense

L'exercice décrit maintenant est fondamental dans le dressage. Indispensable, c'est un prérequis pour une grande partie de ceux qui vont suivre. Il

Pour charger le clicker, un clic marque chaque contact entre le cône et le cheval. Alex a ensuite deux secondes pour donner la friandise.

mérite donc un temps et une attention toute particulière. Dans le processus du conditionnement opérant, le cheval assimile une tâche simple, par l'essai et l'erreur. La réussite est signalée par le marqueur sonore choisi, suivi de la récompense primaire. C'est ainsi que le cheval acquiert la structure grammaticale de ce nouveau langage commun. Mais il doit tout d'abord apprendre la signification du clicker, qui servira ensuite de signal relais.

Pour ce conditionnement initial, outre le clicker lui-même, il faut une provision de friandises de taille pratique, dans un sac où elles seront aisément accessibles, ainsi qu'un lieu à la fois calme et sûr pour le cheval comme pour le dresseur, un manège ou une carrière par exemple. Il faut aussi un objet qui attire l'œil et qui soit robuste, tels une tapette, un petit cône ou un frisbee, pour servir de cible.

Une fois positionné avec la cible et le clicker à la main, le cheval à ses côtés, on attend qu'il touche l'objet cible, que ce soit par curiosité ou par inadvertance. Au moindre contact, même avec un poil de barbe, on appuie sur le clicker tout en poussant une friandise dans la bouche du cheval de l'autre main, dans l'idéal exactement au même moment. Une fois la friandise dévorée, il va probablement vouloir examiner et toucher l'objet à nouveau. On clique et on récompense exactement comme précédemment, et l'on répète 10 à 15 fois l'exercice avant de faire une pause de cinq minutes en retirant l'objet de la vue du cheval.

On reprend ensuite une séance similaire, contact-clic-récompense. Le cheval va très rapidement et visiblement commencer à faire le lien. Il va intentionnellement toucher du bout du nez la cible, tendre l'oreille vers la source du bruit et chercher sa récompense.

À ce stade, on peut progressivement commencer à changer la cible de place en la tenant plus bas ou plus loin de la tête du cheval, afin qu'il ait besoin de s'étirer pour l'atteindre. Il est absolument primordial de récompenser systématiquement ses efforts par un clic et une friandise.

En revanche, il faut résister à la tentation d'amener la cible vers son nez. Il faut impérativement attendre qu'il prenne de lui-même contact avec l'objet inhabituel, même s'il faut de la patience. Ce n'est qu'ainsi qu'il peut comprendre le clicker training comme un exercice délibéré recherchant initiative et créativité de sa part.

Et la lumière fut ?

Avec cette simple première séance déjà, le déclic se sera fait chez de nombreux chevaux et à bien des égards. Pour vérifier que le cheval a eu l'illumination et qu'il reconnaît maintenant le cliquetis comme le marqueur d'un mouvement réussi et le signal d'une friandise à venir, un petit test de compréhension s'impose. Une fois qu'on a touché la cible, on clique comme de coutume mais on attend ensuite quelques secondes, la friandise dans la main, en observant. S'il a bien assimilé le lien entre le son et la récompense, il va tendre la tête vers la main pour chercher sa friandise, qu'on lui donne immédiatement.

Regarde comme je suis malin !

On peut réaliser un deuxième test de compréhension avec une deuxième séance de travail. On cache la cible aux yeux du cheval puis l'on attend qu'il porte son attention ailleurs, pensant que le jeu est terminé. Dès qu'il fait mine de se détourner du dresseur, celui-ci clique une fois. Le cheval risque d'être surpris par ce changement de structure du jeu mais s'il a réellement compris la signification du clicker, il doit se tourner vers le dresseur et éventuellement, du fait de l'accumulation de salive et de l'anticipation, commencer à mâchonner. C'est le signe certain qu'il a appris le vocabulaire le plus important de son langage nouvellement acquis, à savoir que le clic est en rapport direct avec de la nourriture. Une fois ce degré de compréhension atteint, alors la communication réelle peut commencer et le lexique peu à peu s'enrichir.

Se comprendre sans se parler.

Une séance de travail doit toujours se terminer sur une note de succès ; attention à achever l'exercice de conditionnement initial en répétant ce que le cheval a déjà bien compris, c'est-à-dire la séquence contact-clic-récompense. Le cheval ne pouvant pas se concentrer plus de quelques minutes d'affilée, la phase de chargement doit consister en une série de brèves séances, pas plus de quelques minutes à chaque fois.

Le déclic

Dans ce processus, il intervient un moment particulier dans la relation avec le cheval, le moment magique de la compréhension. C'est le stade où l'illumination se fait chez le cheval et où l'on est témoin d'un instant émouvant, celui où l'on voit son cheval réfléchir. La première fois, il touchera sûrement la cible par hasard, mais très vite on aperçoit un changement chez lui. Il prend conscience de ses actions et touche parfois la cible avec un soin presque exagéré, comme pour dire « Regarde, tu comprends ce que je fais ? ». Il cherche le contact avec le dresseur des oreilles et du regard, presque comme s'il voulait s'assurer qu'il y a bien communication entre eux.

C'est un moment de compréhension mutuelle qui transparaît aussi dans le langage corporel et l'expression du cheval. Il semble soudain parfaitement éveillé, il est présent, ici et maintenant, son regard est doux. La mobilité de ses oreilles et de sa lèvre supérieure exprime son plaisir. L'éclat dans ses yeux évoque un enfant devant ses cadeaux à Noël. Certains propriétaires m'ont dit qu'ils avaient eu pour la première fois l'impression que, à cet instant précis, leur compagnon les avait vraiment compris et qu'ils s'étaient réellement regardés les yeux dans

Il ne peut y avoir de relation profonde sans compréhension.

les yeux. C'est un instant rare de compréhension réciproque. Un pont est lancé et un authentique dialogue initié entre deux partenaires pourtant si différents.

Lancez-vous, le jeu en vaut la chandelle !

Toucher ainsi un objet étrange peut être au-delà des capacités d'un cheval très méfiant ou très timide. Dans ce cas, il ne faut pas attendre qu'il prenne l'initiative mais cliquer quoi qu'il fasse, même s'il se contente de rester immobile et de regarder les alentours. Il est important de cliquer et d'offrir immédiatement une friandise ensuite, et ce plusieurs fois. Évidemment, on fait exception si le cheval affiche un comportement indésirable, par exemple s'il gratte le sol : il est recommandé de se détourner jusqu'à ce qu'il arrête, et de cliquer à l'instant précis où il retrouve son immobilité.
Le test de compréhension déjà décrit s'insère à la fin de cette dernière séance, pour vérifier que le cheval commence à assimiler le sens du clicker.
Cette séquence doit être répétée sur les deux ou trois jours suivants, de préférence à plusieurs reprises chaque jour, afin que l'association cliquetis = nourriture s'enracine. Ce n'est qu'alors que l'on peut passer, avec un cheval passif ou timide, à des techniques plus ambitieuses de conditionnement opérant.

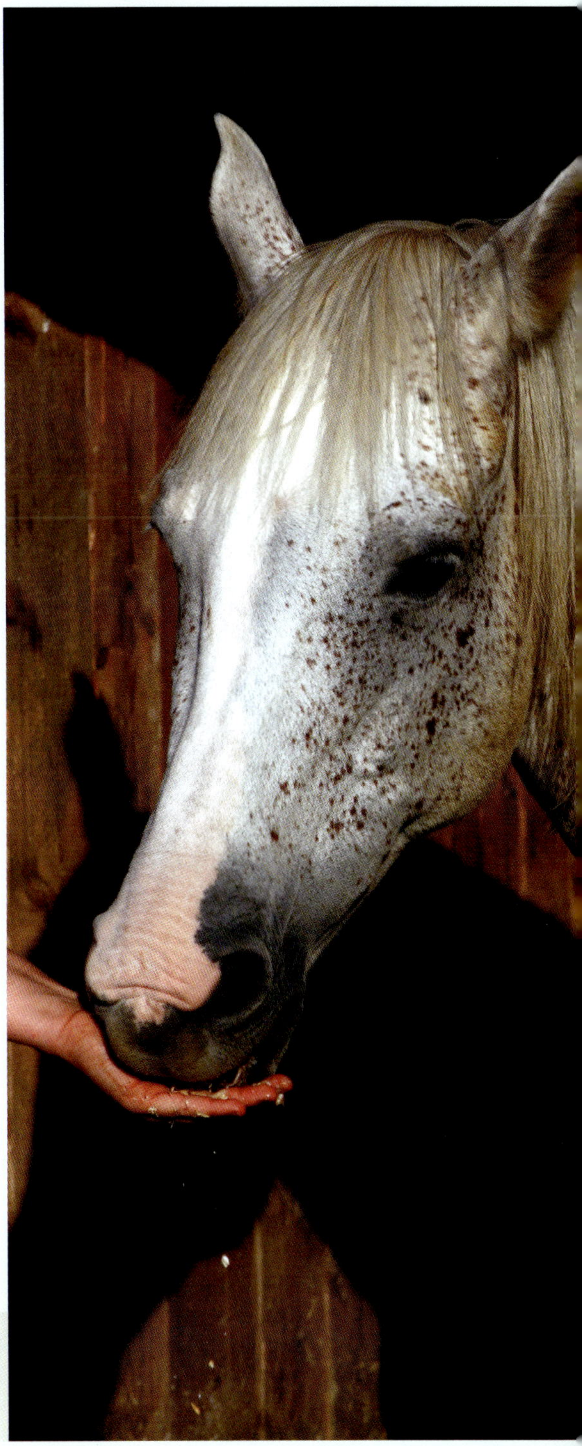

Même avec un cheval timide de nature, le succès peut être rapide une fois le lien entre le cliquetis et la récompense établi.

Du chaos à l'ordre

Théorie de l'éducation

Une éducation efficace nécessite toujours au préalable une certaine quantité de connaissances et de préparation, mais c'est l'attitude du dresseur vis-à-vis du cheval et la méthode que l'on choisit qui sont avant tout décisives. Le précieux temps libre que l'on passe en compagnie du cheval ne doit pas être gâché par des attentes irréalistes, alors que se contenter simplement d'apprendre un nouveau mode de communication suffit à tirer un plaisir réel et constant du partenariat entre cheval et dresseur. Chaque jour, la relation entre les deux sort renforcée de la compréhension croissante que l'on a du potentiel intellectuel de son partenaire quadrupède. Outre le comportement d'apprentissage propre au cheval déjà expliqué, il faut aussi prendre en compte divers aspects de la théorie de l'éducation pour élaborer son plan. Seul quelqu'un qui prépare un plan de travail raisonnable et structuré et se fixe des objectifs réalistes sans attendre trop de lui-même ou du cheval, tout en tenant compte en même temps de certaines règles du jeu élémentaires, peut voir son rêve de communication avec le cheval prendre corps.

De l'influence des émotions

L'éducation du cheval - et du dresseur - est d'autant plus efficace et exempte de stress que l'on commence la séance bien préparé et bien organisé : il faut pour cela avoir mis en place les conditions idéales et avoir

L'équilibre émotionnel entre les partenaires détermine le succès de la séance de travail.

à disposition des idées de jeu. Mais l'outil qui compte le plus, c'est l'attitude positive vis-à-vis de son partenaire. Le manque de sincérité avec soi-même peut jouer défavorablement sur le déroulement de la séance. Il est toujours souhaitable de mettre de côté ses petits tracas quotidiens avant de rendre visite au cheval, ou au moins de s'efforcer de faire le vide et de se relaxer.

Des émotions fortes des deux côtés peuvent non seulement affecter l'humeur pendant le travail commun mais aussi le souvenir *a posteriori* de la leçon. L'expression du cheval est toujours différente pendant une leçon conduite dans un certain stress et une autre qui s'est déroulée dans le calme et l'harmonie. Le cheval réagissant avec une extrême sensibilité aux individus qui l'entourent, le dresseur doit toujours faire très attention à sa propre humeur. Mieux vaut sauter la séance de la journée quand on ne se sent pas bien et préférer jouer avec le cheval ou simplement savourer sa compagnie. Un animal n'est pas une poubelle émotionnelle ; il n'est pas non plus chargé d'apaiser les tensions de l'homme et n'est certainement pas responsable du sentiment de réussite ou de la bonne humeur du dresseur.

Paré pour l'action ?

Outre le clicker, les aides les plus importantes dans l'éducation par le renforcement positif, ce sont les friandises préférées du cheval, divers jouets indestructibles pour récompenser par le jeu, une ou plusieurs sacoches bananes pour y mettre des friandises et une sacoche à accrocher à la selle, toujours pour les friandises. Enfin, un espace de travail bien clôturé et de préférence calme pour travailler, et un harnachement à la taille du cheval - licol et longe dans la première phase, et plus tard une selle.

Le sac idéal pour les friandises est robuste et suffisamment grand pour permettre d'y plonger la main et de la retirer rapidement. Il est de préférence muni d'une fermeture Éclair ou de lacets, pour éviter de jouer au Petit Poucet pendant le travail. Durant l'éducation initiale et le travail en main, une sacoche banane fait parfaitement l'affaire, mais on peut aussi essayer un sac à appâts, utilisé pour le dressage canin et disponible en animalerie. À cheval, mieux vaut opter pour des sacoches de selle ou un autre accessoire du genre pouvant s'accrocher devant la selle, pour ne pas limiter la mobilité du cavalier.

Pourquoi un sac pour les friandises ? Pourquoi ne pas les glisser tout simplement dans ses poches ? C'est possible mais pour un débutant, ce peut être source de distractions superflues. Il est moins facile de plonger la main dans sa poche et il faut se ravitailler bien plus souvent qu'avec un sac, particulièrement dans les premiers temps où de petites douceurs sont nécessaires en abondance.

Le sac à friandises est l'accessoire le plus important pour le dressage par renforcement positif du cheval. Il doit être ample et facile à porter.

Préparation mentale

Le plan de travail doit permettre de visualiser l'objectif à atteindre. Celui-ci doit être mentalement décomposé autant que possible, afin de faire de chaque leçon une petite étape plus facile à digérer. À chacune, il est important d'être clair sur la marche à suivre pour atteindre la suivante car décomposer un schéma comportemental ou un mouvement n'est pas aussi simple qu'il n'y paraît. Par exemple, on ne peut réduire le pas espagnol au lever et à l'extension d'un antérieur : il faut aussi travailler sur l'engagement des postérieurs

La visualisation mentale est utile pour décomposer les objectifs de travail en étapes individuelles.

tout en gardant un œil attentif sur l'attitude du cheval pour repérer s'il exécute le mouvement correctement de la première contraction musculaire à la dernière et le récompenser en conséquence.

Le cheval n'est plus capable de se concentrer au-delà d'un bref laps de temps, de sorte que pour être efficace le dressage ne doit se faire que par séances courtes mais intensives. Bien sûr, un cheval adulte peut faire une séance de travail d'une heure ou une promenade plus longue. Mais compte tenu de la concentration qu'exigent les phases d'apprentissage, durant lesquelles le cheval doit assimiler un exercice nouveau ou consolider un exercice déjà appris, celles-ci ne doivent jamais durer plus de quelques minutes. Pendant chaque exercice, le processus d'assimilation du cheval suit une courbe typique. L'apprentissage n'est pas un processus parfaitement régulier ; il est plutôt dynamique.

Il est normal qu'on apprenne à certaines occasions plus vite, à d'autres plus lentement, et que l'on stagne arrivé à un certain niveau. On pourrait croire qu'il ne se passe rien pendant ces plateaux, mais ils sont pourtant d'une immense importance pour l'assimilation du cheval. Chaque amoureux des chevaux doit laisser au sien l'opportunité de consolider un comportement car ce n'est qu'à partir de là qu'il pourra passer à un nouveau stade de progression dans sa courbe d'apprentissage. On a parfois l'impression qu'il fait énormément de progrès du jour au lendemain ; en effet, il apprend réellement pendant ses pauses de même que pendant le sommeil, grâce à un traitement subconscient des expériences. Le rythme auquel il apprend est intégralement fonction de l'individu. Il est parfaitement normal qu'une leçon soit facile à assimiler pour un cheval A, tandis qu'un cheval B va manifester un véritable potentiel dans d'autres exercices. À l'instar des humains, les chevaux sont des individus avec leurs préférences propres et leurs capacités intrinsèques. Les plateaux d'apprentissage ne sont pas un motif d'inquiétude mais au contraire un motif de satisfaction car ils précèdent habituellement immédiatement une avancée, dès lors qu'on ne détruit pas ses chances en se montrant trop ambitieux.

Les règles du jeu du dresseur

Pendant le dressage, l'exécution du comportement désiré au niveau approprié est signalée immédiatement ou dans un délai de deux secondes par

Un cheval ne peut être bien dressé que si le dresseur comprend la philosophie sous-jacente de son travail et sait comment l'appliquer.

le renforçateur secondaire conditionné. Il s'ensuit que chaque clic ou signal sonore de récompense doit survenir au moment même où le comportement est présenté. En conséquence, l'une des règles fondamentales pour le dresseur est de rester absolument concentré sur le cheval et sur le déroulement des événements. Chaque fois que l'on jette un coup d'œil alentours, que l'on bavarde avec un spectateur ou qu'on laisse ses pensées vagabonder, on retarde d'autant l'assimilation car on manque les signes subtils de progrès du cheval ou on n'est pas à même de les marquer clairement.

Pour certains chevaux, un bon grattage est une récompense suffisante, comme le montre l'expression extatique de celui-ci.

La félicitation ou le cliquetis ne sont pas des ordres. Ils se contentent de marquer une action désirée et signifient à peu près, traduits dans notre langue, « Oui, c'est bien ». Ce qui implique qu'ils ne doivent jamais servir à attirer l'attention du cheval. Pour vous donner un exemple : le cheval me fuit au grand galop dans le pré. Je n'ai pas le courage de lui courir après, je me sers donc du clicker parce que je sais qu'il va s'immobiliser en l'entendant, dans l'attente d'une friandise. J'utilise à ce moment le clic pour lui ordonner de s'immobiliser, ce qui peut marcher une fois ou deux, mais qu'est-ce que le cheval apprend exactement ? Il apprend à refaire exactement ce qu'il faisait quand il entendait le clic, à savoir s'enfuir au galop. Je suis involontairement en train de lui apprendre à jouer au chat et à la souris pour obtenir une friandise, ce qui est loin d'être le but recherché. C'est pourquoi on ne doit marquer et récompenser que le comportement souhaitable. Dans le clicker training, l'adage veut que l'on n'obtienne que ce pour quoi on clique. C'est toujours le dresseur, par un mode de récompense inadapté, qui provoque le mauvais comportement de la part du cheval. Un cheval ne peut être bien dressé que si le dresseur a compris la philosophie sous-jacente du travail et est capable de la mettre en œuvre.

Chaque cliquetis est inévitablement suivi d'une récompense. C'est une promesse qu'on ne doit jamais briser, afin de ne pas se priver de ses aides. Si le cheval s'aperçoit que le cliquetis ne lui garantit pas à 100 % une récompense derrière, un certain degré d'incertitude s'immisce alors dans la séance. Il doit comprendre les conditions du travail, les règles du jeu. Il en va de même pour tout le monde : avant de prendre un nouveau poste, vous voulez être sûr que votre futur employeur va vous payer votre salaire régulièrement et non le conserver arbitrairement par-devers lui trois mois durant. On doit épargner cette incertitude au cheval. Il s'ensuit logiquement que l'on ne clique jamais si l'on n'a pas de récompense sous la main. Pour moins récompenser un comportement bien assimilé, il suffit de cliquer moins souvent puis de diminuer la quantité de friandises.

Savoir donner

La récompense doit aussi être vue par l'animal comme une vraie récompense. Chaque cheval est différent – ce que l'un aime peut sembler sans intérêt à un autre. Pour nous, la forme de paiement la plus couramment acceptable, c'est l'argent ; la majorité des chevaux sont prêts à travailler pour des carottes, des pommes ou une caresse. La priorité consiste à découvrir quel paiement, et pour quel effort, le vôtre sera jugé correct. Aucun cheval n'est prêt à exécuter de bon gré un piaffer en échange d'une poignée de foin. L'éducateur observateur sait rapidement quelle est la « monnaie » d'échange pour le cheval avec lequel il travaille.

S'il s'agit de nourriture, les friandises utilisées doivent être aussi petites que possible. Selon les études, une récompense plus grosse ne garantit pas un grand pas en avant dans la progression. Le facteur premier, c'est de savoir donner et d'être animé par un sentiment vrai, le plaisir de féliciter le cheval pour ses efforts. En outre, le cheval est vite rassasié et il perdra l'appétit si le moindre succès lui vaut une grosse pomme, sans compter qu'il lui faut un certain temps pour la croquer en entier. De petites friandises comme de petits bouts de pommes ou quelques grains d'avoine sont une bonne solution, on le sait déjà. La plupart des bonbons vendus dans le commerce sont bien trop gros et doivent être préalablement coupés en morceaux.

Savoir s'arrêter au bon moment

Selon la capacité de concentration du cheval et du dresseur, une unité de travail ne doit pas dépasser quelques minutes. Chacune doit être jalonnée de pauses régulières et s'achever sur une note positive. En effet, le cheval se souvient particulièrement bien de la fin d'une séance et les dernières secondes du travail resteront dans sa mémoire avec une intensité particulière. S'il passe un palier dans son apprentissage à ce moment, il le gardera en tête. C'est pourquoi il est important de s'arrêter quand tout se passe bien car les choses ne peuvent bien souvent que se dégrader à partir de là. Il importe de se souvenir qu'à ce stade, il est peu probable que l'on obtienne mieux que ce premier changement de pied en l'air réussi et qu'il est préférable de s'abstenir d'essayer de répéter une fois ou deux. Il est conseillé de passer à autre chose et de revenir sur l'exercice nouvellement acquis le lendemain. Un exercice ne doit servir à travailler qu'un seul détail du mouvement à la fois. Si l'on travaille l'épaule en dedans en se concentrant sur l'engagement du postérieur, on ne peut en même temps travailler sur l'angle ou sur le croisement des membres. Il faut décider de l'axe de travail précis de l'exercice et n'accentuer que graduellement la difficulté de la demande, afin que

Des séances de travail brèves mais intensives garantissent un succès rapide.

l'animal ait une chance réaliste de récompense. Le cheval va être frustré, et c'est compréhensible, si après voir appris à faire une pirouette au pas, il n'est plus récompensé que lorsqu'il a appris à la réaliser au galop.

Dans le clicker training, comme pour manger, il faut prendre de petites bouchées. En d'autres termes, on décompose chaque mouvement en petits éléments pour pouvoir récompenser chacun d'eux et éviter que le cheval se trouve avec une grosse quantité à digérer d'un seul coup. Quand on travaille sur un détail précis d'un exercice, les autres composants du résultat final passent momentanément à l'arrière-plan. Un cheval peut réaliser quelques foulées d'épaule en dedans avec un angle trop prononcé si l'on insiste à ce moment-là sur l'engagement du postérieur. Ce n'est qu'après avoir travaillé les deux points individuellement, et lorsque le cheval les a compris, qu'on peut les enchaîner à nouveau.

Une fois un comportement ou un mouvement acquis, on peut passer progressivement d'une distribution continuelle de récompenses à la friandise occasionnelle pour l'exercice en question. Cependant, de nombreux dresseurs font fréquemment l'erreur de supposer trop tôt qu'un cheval a maîtrisé sa leçon. Souvenez-vous de votre enfance sur les bancs de l'école. Combien de fois deviez-vous répéter un mot de vocabulaire compliqué pour l'utiliser et réellement le comprendre dans tous les contextes ? Le cheval perd souvent confiance et hésite si un exercice qu'il vient d'apprendre n'est pas répété suffisamment souvent. Ce n'est que lorsqu'il l'a exécuté correctement huit fois sur dix que vous pouvez passer de la récompense constante à l'aléatoire. Avant ce stade, il faut marquer et récompenser à chaque fois, et j'insiste sur le « chaque », qu'il exécute l'action correctement

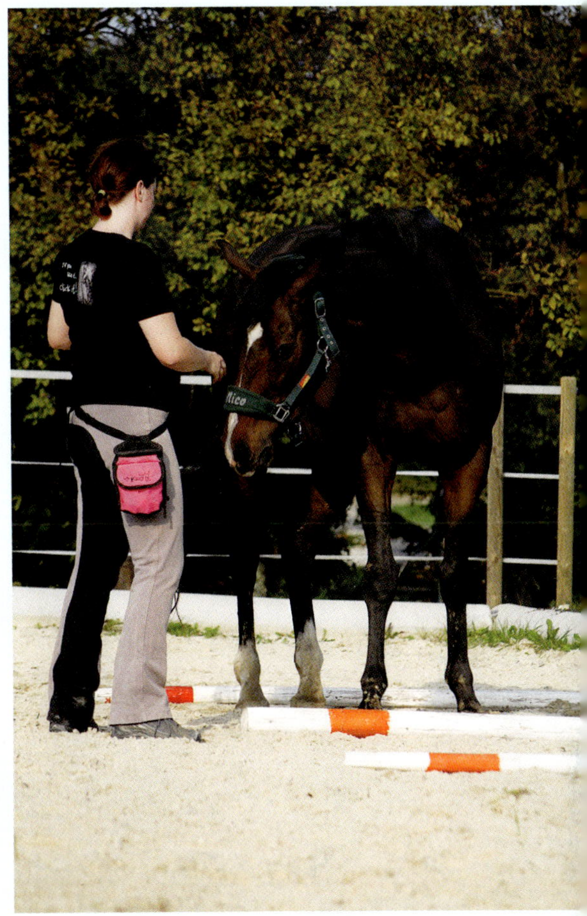

Les exercices doivent toujours être décomposés. Dans le cas présent, la récompense s'impose après chaque barre ; plus tard, on lui demandera de les passer toutes avec un seul cliquetis et une seule récompense.

pour son niveau du moment. Lorsqu'une action n'exige plus de récompense systématique, alors seulement on peut commencer à relier les différentes étapes entre elles.

Selon l'un des principes premiers du dressage, on doit toujours revenir aux fondamentaux si le cheval n'exécute plus un exercice dont on sait pourtant qu'il le connaît et qu'il en est capable. S'il ne comprend pas tout à fait l'une des étapes de son travail et que vous courez le risque de vous retrouver bloqué sur un point précis, demandez moins et revenez à une partie de l'exercice que le cheval sait bien faire. Au lieu d'un recul, cheval et dresseur auront plutôt l'impression d'une avancée, ce qui leur évite à tous deux une frustration inutile.

Les règles du jeu du cheval

« Là, c'est parfait. » Ce n'est qu'en sachant communiquer ce sentiment au cheval que le dresseur lui permet de développer son plein potentiel au lieu d'exécuter bêtement les mouvements composant un exercice. C'est alors qu'il fait son travail avec plaisir et expression.

« Ce n'est pas grave si tu fais une erreur, et tu n'as pas besoin de t'inquiéter, tu ne seras pas puni pour ça. » Il est naturel pour un élève de faire des erreurs quand il apprend. Ce sont les impondérables de l'apprentissage, indispensables car ce sont autant d'occasions d'acquérir de l'expérience et d'en tirer des leçons. Si le cheval se sent traité en subordonné et sous pression pendant une leçon, il ne peut exprimer tout son potentiel d'apprentissage et de créativité.

Retour aux fondamentaux. Si les choses ne se passent pas tout à fait comme il faudrait, revenez à un exercice connu, par exemple l'immobilité sur commande.

Le cheval doit se sentir respecté et vu comme un individu, avec sa propre personnalité.

Il est primordial que le cheval ait compris le renforçateur secondaire. Avant le début du travail proprement dit, il doit avoir assimilé et intégré le principe de la récompense sonore (le bruit du clicker ou la félicitation vocale) qui marque le comportement ou le mouvement souhaité et lui signale que la friandise tant attendue va suivre. Il doit gagner sa récompense en effectuant un certain mouvement, et le dresseur doit savoir gérer la distribution des friandises. Le cheval n'est pas autorisé à se croire libre de se servir, ce qui aboutirait forcément à l'échec de la méthode. La bonne gestion de la distribution est détaillée à partir de la page 52.

Le cerveau a besoin de récréations

Pendant les pauses, le cheval et, en conséquence, le dresseur n'ont plus à se concentrer sur des objectifs de travail précis. Car le dressage par renforcement positif exige un haut niveau de concentration de la part des participants et peut de ce fait être très exigeant. Ni l'humain ni le cheval ne sont capables de rester indéfiniment concentrés, et il importe donc d'intercaler entre les moments de travail des périodes de relaxation ou de distraction. La fréquence et la longueur des pauses nécessaires dépendent de la nature et de la personnalité de chaque individu. Une récréation d'une ou deux minutes toutes les quelques minutes se révèle efficace. La façon dont on l'occupe peut varier : répéter un exercice solidement acquis, marcher au pas au gré de ses envies ou laisser le cheval brouter quelques brins d'herbe ; en d'autres termes, c'est un bref instant que l'on met à profit pour réfléchir sans plus rien faire. On peut aussi faire une pause de plusieurs jours entre des unités de travail pour laisser à l'animal le temps de parfaitement digérer et consolider les leçons apprises. La répétition quotidienne du même exercice ne garantit pas de progrès plus rapides.

La fin du cours

Le cheval ne sait pas reconnaître d'instinct le début ou la fin d'une séance de travail. C'est pourquoi il est important de lui enseigner un signal marquant la fin de la séance (voir plus loin), mais aussi un autre qui en marque le début. Il se révélera particulièrement utile pour le cheval en ce qu'il lui permet de savoir quand passer d'une profonde concentration et d'une grande motivation à son état

La leçon apprise est digérée au niveau subconscient pendant les pauses.

normalement détendu. C'est pour cette raison aussi qu'à l'école une sonnerie retentit pour marquer le début des cours ou l'heure de la récréation. Un signal clair fait ainsi savoir aux enfants qu'ils doivent se mettre au travail, un autre qu'ils peuvent se détendre et s'amuser. Comment faire la même chose avec un cheval ? À chaque pause dans le travail de target training (apprendre à suivre un objet cible), on donne un signal avant de retirer la cible de la vue et de la portée du cheval : « Temps mort » par exemple, ou d'autres mots du même sens, mais un signal de la main ou un contact sur l'encolure en un point précis font tout aussi bien l'affaire. Laissez ensuite le cheval, partez dans un coin du manège en gardant une expression aussi neutre que possible, et attendez que le cheval baisse la tête ou commence à brouter. Ne lui prêtez pas attention et n'essayez pas d'attirer son attention vers vous.
Si vous voulez reprendre le travail, donnez un autre ordre, par exemple en disant « On reprend », récupérez la cible et montrez-la au cheval. Au plus petit geste de ce dernier dans sa direction ou s'il touche correctement l'objet, cliquez et récompensez pour marquer la reprise de la séance, et donc la fin de la pause. À la fin de la séance, vous devez

Pendant son temps libre, le cheval doit être autorisé à n'être qu'un cheval.

donner au cheval un nouveau signe pour lui dire que le travail est terminé et qu'il peut retourner à ses amis au pré pour y faire ce que bon lui semble. Utilisez un autre mot comme « Terminé », ou une caresse particulière sur son dos quand vous le remettez au pré pour marquer la fin de la période de concentration. Après cela, aucun autre travail ne doit être entrepris ce même jour.

Le jackpot

Comme dans un jeu, le cheval au travail peut parfois remporter le gros lot. Ce « jackpot » est une récompense particulière que seul un travail excellent et un exercice particulièrement réussi peuvent lui valoir : une friandise particulièrement convoitée, une pleine poignée d'avoine ou même une longue séance de grattage à l'endroit qu'il préfère.

Ce jackpot est important à la fois pour l'effet de totale surprise qui l'accompagne et pour l'attrait particulier qu'il exerce. Cette excellente surprise dope visiblement et durablement la motivation. Le cheval se souvient avec plaisir du comportement qui lui a valu ce fantastique gros lot ! Cependant, il n'est raisonnable de le décerner qu'en cas d'avancée remarquable dans le travail. En effet, le premier prix ne doit pas se muer en habitude, sous peine de perdre son attrait ainsi que son efficacité.

Le jackpot peut être une poignée de l'avoine qu'il préfère.

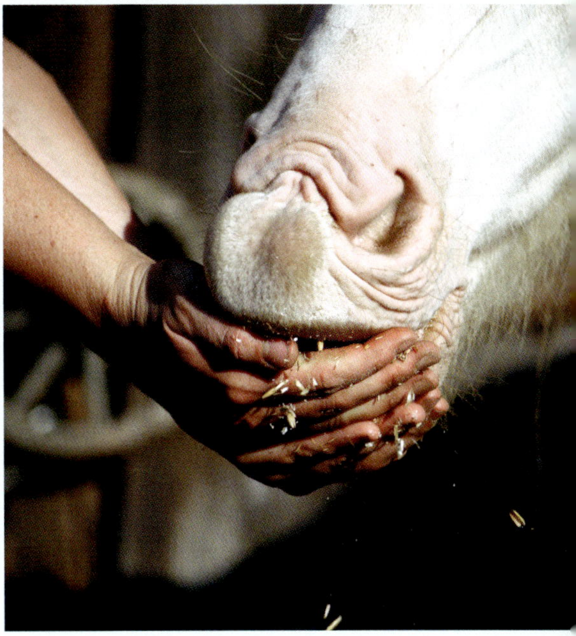

Faut-il toujours utiliser la nourriture comme récompense ?

Bien sûr, on n'est pas obligé de récompenser toujours ou exclusivement avec de la nourriture. Néanmoins, c'est une solution simple et pratique, qui a habituellement tant de valeur aux yeux du cheval qu'il est prêt à se mettre en quatre. Peu de chevaux sont prêts à exécuter un changement de pied en l'air pour une rapide caresse sur l'encolure. Pour de savoureux copeaux de bananes séchées, cependant, c'est une question à reconsidérer ! Le type de récompense doit être choisi selon les goûts de chaque cheval afin qu'elle lui soit agréable et qu'elle justifie ses efforts. Outre les friandises, de nombreux chevaux adorent qu'on leur gratte le garrot, l'encolure ou le sommet de la queue. Ils peuvent aussi apprécier un petit jeu du chat et de la souris, une caresse chaleureuse et enthousiaste ou même un jouet.

Cette solution suscite souvent des commentaires, comme quoi on goinfre le cheval ou qu'on va le transformer en barrique, mais cette objection est aisément réfutable :

Beaucoup de chevaux adorent jouer avec un gros ballon.

Courir ensemble est si amusant pour beaucoup de chevaux que c'est un comportement auto-renforçant : l'action porte en elle-même sa récompense.

une séance typique n'exige qu'environ 200 g de carottes coupées en rondelles, dont la valeur calorique est négligeable.

Mais toutes les récompenses ne sont pas adaptées à un usage quotidien et à toutes les situations. À cheval, on ne va pas prendre le gros ballon avec lequel il adore jouer, on optera plutôt pour des friandises, un grattage ou des félicitations enthousiastes pour lui faire plaisir. Le bénéfice n'en est vraiment visible que lorsqu'on se rend compte que tout ce que le cheval désire à un instant T peut servir de récompense ; ce peut être une pause pour brouter au bord d'un chemin quand il vient de particulièrement bien réussir un exercice.

Imaginez que les récompenses s'étagent à différents degrés, avec des lots de consolidation plaisants, des deuxièmes prix qu'il apprécie et des gros lots qui le rendent extatique. Plus l'exercice est dur et plus l'énergie qu'il doit dépenser pour le réaliser est grande, plus la récompense doit donc être gratifiante. Grâce au plaisir que prend le cheval à apprendre au fil du temps, certains exercices deviennent une récompense en eux-mêmes. Beaucoup de chevaux adorent par exemple la vue qu'ils ont quand on leur apprend à grimper sur une marche ou un petit tabouret, et bon nombre semblent également adorer « frimer » au pas espagnol. Une fois appris, des exercices comme ceux-ci deviennent une forme de récompense en eux-mêmes ; c'est ce qu'on appelle un comportement auto-renforçant.

Des jeux pour briser la glace

Le début d'une nouvelle phase dans le développement de la communication doit être exempt de stress et source de plaisir pour les deux participants. Ce n'est pas le moment de travailler sur des problèmes précis comme le refus d'embarquer en van ou d'enseigner des exercices complexes tels que déplacements latéraux. Il faut plutôt essayer de nouveaux jeux, durant lesquels apprendre les règles du dressage par renforcement positif pour le cheval, et pour le dresseur les principes fondamentaux et le timing parfait, tout en se faisant une idée plus claire de son but.

Les jeux dont le dresseur contrôle le début et la fin sont les mieux adaptés, de même que ceux impliquant des objets que l'on peut aisément retirer de la vue du cheval à la fin de l'exercice.

Va chercher !

Montrez au cheval une petite balle molle et posez-la par terre. Entraînez-le ensuite à toucher la balle du bout du nez en cliquant et récompensant chaque fois qu'il le fait. Quand il exécute cette action à coup sûr, retardez légèrement le clic, ce qui va un peu l'irriter ; il essaiera alors de vous faire cliquer en expérimentant différents autres comportements : pousser la balle du bout du nez, poser le sabot dessus... Attendez jusqu'à ce qu'il morde dedans, et cliquez exactement à ce moment-là avant de lui offrir la récompense nécessaire.

Vous venez de définir la nouvelle condition de récompense. À partir de maintenant, n'offrez plus de friandise que lorsque le cheval attrape la balle dans sa bouche, en répétant cette séquence plusieurs fois.

Afin de l'inciter maintenant à aller la chercher, ne la placez pas immédiatement devant lui, mais lancez-la un mètre plus loin. Attention à ce que la distance ne soit pas trop longue au début, pour ne pas le démotiver. Récompensez-le quand il va jusqu'à la balle et s'en empare. Ensuite, augmentez progressivement la distance entre le cheval et l'objet. Vous devez ensuite apprendre au cheval à vous donner la balle. Pour ce faire, mettez votre main sous la bouche du cheval quand il tient la balle. À un moment ou à un autre, il va finir par la laisser tomber. Cliquez exactement lorsque vous l'attrapez. Répétez cette partie de l'exercice dix à quinze fois, jusqu'à ce qu'il fasse le lien.

Au final, il doit venir vers vous en portant l'objet dans sa bouche, ce qui signifie que vous devez de moins en moins le suivre vers

Dinah a appris à rapporter la balle.

la balle, et vous contenter d'attendre qu'il vous cherche et vienne vers vous. La distance à laquelle vous vous trouvez quand il ramasse la balle ne doit être que très progressivement rallongée, car il est très difficile pour un cheval de tenir quelque chose dans sa bouche pendant de longues périodes. Comme avec tous les exercices, les muscles adéquats doivent développer une force suffisante et il ne faut pas surestimer la capacité de concentration du cheval.

Il devrait falloir au cheval et au dresseur plusieurs jours pour apprendre cet exercice et ses composants. Ce n'est pas le résultat final, mais le plaisir partagé apporté par les

Au stade suivant du dressage, Dinah apprend à laisser tomber la balle dans un seau pour recevoir une récompense.

petits succès sur la voie de l'apprentissage qui en sont le véritable objectif.

Merci

On félicite généralement les petits enfants avec moult effusions quand ils lacent pour la première fois leurs chaussures seuls. Ainsi, on les rend fiers d'eux-mêmes, on les motive et on les encourage à prendre plus d'autonomie. Il serait cependant très étrange de faire de même avec un adolescent ou un adulte. La fréquence et l'intensité de la louange doivent toujours être proportionnelles aux aptitudes réalistes de l'individu concerné. Un adulte se sentirait à juste titre un peu idiot si l'on réagissait à quelque futilité par des compliments dithyrambiques. Toutefois, même pour un adulte, il est gratifiant d'entendre un partenaire le remercier de temps à autre pour quelque chose que l'on tient souvent pour acquis.
Il en va exactement de même avec le cheval : au début, il doit être félicité et récompensé à foison pour ses petits succès. Progressivement, seuls les exercices compliqués doivent être récompensés par un flot constant de félicitations. N'oubliez pas cependant de lui dire merci de temps à autre pour des choses que vous tenez normalement pour acquises, car ces petits gestes sont la marque d'une relation harmonieuse. Un animal a besoin d'expérimenter de nombreux petits moments de plaisir et de se sentir apprécié et respecté.

Le travail en s'amusant

Conseils et astuces

La plupart des propriétaires ne connaissent pas leur cheval depuis sa naissance et ne sont donc pas responsables de l'éducation qui lui a été donnée. Le cheval qu'ils achètent peut avoir été bien ou mal élevé. Par ailleurs, il a déjà une personnalité aboutie et une histoire propre. Tout comme il a connu certaines choses dont nous ne savons rien, il a probablement aussi été confronté à une méthode de dressage impliquant plus ou moins de coercition.
Le dressage selon les principes traditionnels actuels s'appuie habituellement sur le concept de pression-relâchement, en d'autres termes sur divers degrés de pression. À l'inverse, le dressage par renforcement positif cherche à créer une atmosphère d'apprentissage exempte de pression et de menaces de punition. Quand on change de méthode, on rencontre des animaux qui ont déjà connu diverses expériences avec leurs partenaires humains. Dans cette période de transition, le cheval doit apprendre que les règles ne sont plus les mêmes mais il est important de ne pas mélanger les deux méthodes de travail, et le dresseur doit décider comment il structurera le temps avec son cheval à l'avenir. Le recours d'abord à la pression puis à la récompense, au final, ne servira qu'à amoindrir l'efficacité des deux méthodes.

Si vous devez offrir une récompense après un exercice impliquant l'utilisation de la pression, au bout d'un temps la pression sera l'indication d'une récompense imminente, ce qui rendra la pression de moins en moins efficace. Avec cette méthode mixte, le cheval réagit de moins en moins rapidement. Par ailleurs, même une utilisation minimale de la pression affaiblit progressivement la valeur de la récompense. Le cheval perd de plus en plus son assurance ; à l'avenir il coopérera de moins bon gré et se montrera moins motivé. Tout changement dans la méthode de travail avec le cheval doit être évident et adopté de façon systématique et cohérente. Dans la phase de transition, il est utile d'instaurer une distinction claire, par exemple en mettant un licol au cheval pour le travail standard et un autre pour le clicker training.

Sur la voie d'une nouvelle philosophie de dressage.

Que faire en cas de refus de coopérer ?

Si le cheval refuse d'exécuter un exercice, il faut avant toute chose se demander s'il est heureux et en bonne santé. Est-il physiquement ou mentalement prêt à faire ce qu'on lui demande ou en est-il empêché par la douleur, un traumatisme ou une maladie ? Une fois écartés les problèmes de santé comme causes de sa rétivité ou de sa passivité, demandez-vous pourquoi il devrait faire l'effort d'obéir à vos commandes et ce que vous lui offrez pour l'y inciter. La motivation, voilà le mot magique quand on essaie d'obtenir la coopération et la participation du cheval. Tout comme vous, le cheval veut être récompensé de ses efforts. Et, de même, il mérite aussi la liberté d'être simplement un cheval, sans avoir à être constamment jugé sur sa performance.

Gloa a appris à détourner poliment la tête du seau à nourriture pour avoir droit à une friandise prise dans ce même seau.

Le monstre affamé

On accuse souvent les gens qui dressent les chevaux en se servant de nourriture pour récompenser d'engendrer un problème inévitable : le cheval est censé se muer soudain en un incontrôlable monstre affamé, qui va mendier en permanence des friandises ou même mordre. De prime abord, cette inquiétude peut sembler justifiée, car il est réellement très désagréable de se retrouver avec un cheval obsédé par la nourriture ou qui essaie de se servir tout seul. Un cheval qui donne constamment des coups de nez ou essaie de le glisser dans les poches ou dans le sac à friandises, c'est déplaisant et cela peut même devenir dangereux. De nombreux chevaux qui ne recevaient auparavant que très occasionnellement des friandises ou ceux qui sont simplement exagérément gourmands peuvent être au début très excités par cette nouvelle méthode de travail. Ils risquent de quémander si l'on est imprécis dans la distribution, mais ce n'est pas le fruit de la méthode en général. Débarrassons une bonne fois pour toutes le monde équestre de ce préjugé, en déclarant clairement que la mendicité, l'insistance ou la gourmandise incontrôlable sont une conséquence d'une distribution de nourriture au cheval parfaitement aléatoire. Nous avons enseigné ce comportement indésirable au cheval et en nous comportant nous-mêmes incorrectement, nous l'avons encore renforcé. C'est pourquoi il est important d'établir de strictes règles pour les participants humains et

La récompense doit toujours être offerte loin du sac où vous la conservez.

d'exiger une politesse de bon aloi des participants équins avant de débuter tout exercice de dressage par renforcement positif.

Conseils pour la distribution de nourriture

Tout comme la récompense sonore avertit le cheval qu'il a gagné la récompense, de même il doit réaliser qu'aucune récompense n'est prévue en l'absence de ce son. Corollaire évident, il ne faut jamais donner au cheval de friandise sans avoir préalablement donné le signal nécessaire. Cette règle ne tolère absolument aucune exception.

L'utilisation d'un son associé à une récompense n'a de sens que si le son est produit exactement au moment où le cheval affiche le comportement désiré ou celui qu'on essaie de lui enseigner. On ne dispose pas de plus de deux secondes pour indiquer au cheval qu'il a fait ce qu'il fallait. Passé ce délai, il ne fait pas le lien avec le mouvement et n'a plus aucune idée de ce que l'on essaie de féliciter. Le dressage par renforcement positif est d'une grande puissance ; on doit donc toujours réfléchir attentivement à ce que l'on veut récompenser. Quand le cheval exécute un mouvement, demandez-vous si c'est vraiment bien le comportement que vous attendez et un pas vers votre objectif. Si ce n'est pas le cas, la récompense à ce moment suscite très rapidement des problèmes. Le cheval n'ayant aucune idée de ce qui est bien ou mal, il apprend tout aussi rapidement un comportement indésirable par le renforcement positif. Les cavaliers qui se plaignent de ce que leurs chevaux mendient des friandises sont les seuls à blâmer car ils ont efficacement bien qu'involontairement dressé leurs chevaux à le faire. Un cheval ne doit jamais être nourri ou récompensé quand il se montre malpoli ou insistant.

Autre point important : la récompense s'offre toujours posée sur une main tendue, jamais directement à côté de vos poches pour ne pas encourager le cheval à prendre racine autour. C'est pourquoi, même s'il attend sa friandise juste à côté de la sacoche, tendez toujours la main au-delà de sa tête et offrez-la lui à distance de vous-même et du sac. Pour des raisons de sécurité, si le cheval est particulièrement insistant et gourmand, il vaut mieux l'attacher au début de ce travail ou se placer à l'abri derrière une clôture ou une porte d'écurie, pour lui apprendre à contrôler sa gourmandise sans se mettre soi-même en danger.

On ne se sert pas tout seul !

Un sac plein à craquer de friandises est une tentation pour n'importe quel cheval. Il est donc parfaitement compréhensible que certains essaient de prendre le chemin le plus court pour s'en emparer.

N'importe quel cheval peut apprendre à attendre poliment le cliquetis et la récompense si l'on respecte avec soin les règles de distribution.

Cependant, l'objectif du dressage par le renforcement positif n'est pas de permettre au cheval de simplement se servir dès qu'il en ressent l'envie. Le dresseur est responsable de ne distribuer les friandises qu'en contrepartie d'un exercice exécuté, et de donner au cheval une réponse positive au moyen d'une récompense sonore. Le cheval doit comprendre la règle première : il ne doit jamais se servir tout seul. Il ne le sait pas d'instinct et il incombe donc au dresseur de lui apprendre peu à peu à quel moment espérer une récompense, et quand il n'en aura pas.
Un bon moyen pour clarifier ce principe dans l'esprit du cheval consiste à le poser dès les premiers exercices. Supposons que l'on clique quand le cheval transporte un objet. Quand on offre la récompense après le clic, on indique clairement qu'il n'est pas à la cafétéria en amenant la friandise, tenue dans la main fermée, au-delà de la bouche du cheval et en la lui présentant le plus loin possible de soi. On ne donne jamais de friandise quand il tend la tête pour venir la chercher.

Un exemple impressionnant d'ordre à l'œuvre : le cheval baisse la tête en réponse à un signal de la main.

Ordres – Quand le cheval a acquis le vocabulaire

Je rencontre souvent des gens confrontés au même problème : leur cheval exécute un exercice qu'ils lui ont enseigné non pas seulement à la demande, mais chaque fois qu'il en a envie, ou pour mendier une friandise. La raison en est que l'ordre est absent ou insuffisant d'une façon ou d'une autre. En règle générale, le signal à donner est un stimulus déclenchant un certain comportement ou un mouvement. Il peut s'agir d'un signe de la main, d'un ordre verbal ou même d'un certain langage corporel. Il faut cependant enseigner la signification de ce stimulus ou de ce signe pendant le dressage grâce à moult répétitions et récompenses. On ne contrôle pleinement un exercice que lorsqu'il est spécifiquement exécuté en réponse à l'ordre, et à aucun autre moment. En théorie, il est possible de totalement contrôler un comportement ainsi. La pratique prouve cependant que le cheval est facilement dis-

Bessi a appris à reculer en direction de Verena sur un signal de la main. Grâce au succès dans cet exercice et au plaisir qu'elle en tire, Bessi devient de plus en plus sensible aux ordres de son dresseur.

trait des ordres, dont l'efficacité est fortement influencée par la motivation de l'animal, de sorte qu'il n'est jamais réellement possible d'exercer un contrôle à cent pour cent. L'ordre l'aide toutefois à faire le lien entre la demande du dresseur et la récompense offerte suite à la réussite.

On peut voir une illustration d'ordres inadaptés dans les premières phases de l'apprentissage d'un nouvel exercice. On peut par exemple apprendre au cheval, par la récompense, le pas espagnol. Au début de la leçon, le signal est sans pertinence. Le cheval doit être récompensé dès lors qu'il esquisse les prémisses du pas espagnol. Maintenant vient la partie cruciale, durant laquelle il apprend que son pas espagnol n'est récompensé que si l'ordre est donné, par exemple quand le dresseur pointe l'index vers son antérieur. Il est susceptible de proposer de façon répétée le pas espagnol, mais il apprendra par l'essai et l'erreur qu'il ne peut espérer une récompense que s'il exécute l'action après le signal de la main. Ce n'est qu'alors que le pas espagnol peut être considéré fondamentalement contrôlé à la commande. Ignorez le pas espagnol quand le cheval vous l'offre sans signal préalable. Dans le cas contraire, il risque dans son enthousiasme de jeter les antérieurs à n'importe quelle occasion. Si l'on ignore ce comportement indésirable à ce stade, il devrait s'éteindre rapidement.

Si le dresseur est patient, le cheval apprend vite que le pas espagnol, c'est en fait très fatigant, spécialement quand il n'est récompensé ni par l'attention ni par une friandise, et qu'il vaut mieux attendre le signal approprié. Le temps qu'il lui faut pour comprendre un ordre en particulier dépend de son tempérament. Si votre vocabulaire commun est particulièrement complexe, laissez-vous tout le temps qu'il faudra, à tous les deux, pour l'assimiler.

Du cliquetis du clicker au claquement de langue

« Je n'ai pas envie de passer ma vie avec un clicker et de récompenser mon cheval pour un oui ou pour un non. » C'est l'un des commentaires fréquents des personnes qui refusent le dressage par renforcement positif, jusqu'à ce qu'ils comprennent que ce n'est pas forcément vrai. Bien au contraire, le dressage a pour but d'instaurer un autre renforçateur secondaire très similaire au cliquetis métallique du clicker. Ce nouveau son, le claquement de langue, vous sert à l'avenir de clicker naturel : un que l'on a partout avec soi sans plus dépendre d'un appareil, c'est son avantage premier. Le second, c'est de libérer les deux mains. Si l'on utilise normalement un claquement de langue pour lui demander d'aller plus vite, mieux vaut choisir autre chose, par exemple le bruit sonore d'une bise qui claque. J'ai tendance à continuer d'enseigner les nouveaux exercices avec le clicker cependant car le son est plus net. De plus, les études ont montré que la majorité des gens réagissaient plus vite avec les mains qu'avec la bouche.

Bien sûr, il faudra répéter chaque nouvel exercice plusieurs fois avant qu'il soit raisonnablement bien compris, mais inutile d'offrir une friandise toutes les dix secondes à chaque petit geste du cheval jusqu'à la fin

Apprendre au cheval la signification d'un claquement de langue est utile.

de ses jours. D'une part, on n'atteindrait jamais son but, de l'autre cela deviendrait vite très fastidieux pour l'un comme pour l'autre. C'est pourquoi, dans les exercices que le cheval maîtrise raisonnablement, on réduit progressivement l'utilisation du clicker et les friandises. En retour, on ajoute de nouveaux tours à son répertoire pour conserver la motivation du cheval.

Attention toutefois à ce que les renforçateurs (son ou friandises) ne soient que très progressivement diminués et qu'il n'y ait pas de schéma prévisible dans ce changement. Le cheval ne doit pas pouvoir prédire la récompense. Le jeune, par exemple, doit être récompensé chaque fois qu'il exécute correctement un reculer sur commande, tandis qu'un animal plus expérimenté sera de moins en moins récompensé au fil du temps. Si on travaille en renforçant en continu, on rend le cheval dépendant de la récompense ; il se concentre de plus en plus sur celle-ci à chaque fois qu'il fait quelque chose. C'est pourquoi dès qu'il fait le lien entre l'ordre du reculer et le mouvement correspondant, il faut passer à un schéma de récompense plus aléatoire et plus intermittent. Ce qui signifie que, selon le but et les progrès du cheval, on n'offre plus qu'une fois sur deux, ou de temps à autre (rapport fixe ou variable). En outre, on varie aussi le laps de temps sur lequel on demande l'exercice avant d'offrir une récompense (durée fixe ou variable). Au sein d'une même séance, la fréquence de la récompense doit dépendre de la fréquence d'exécution du mouvement demandé ou du laps de temps pendant lequel il est exécuté. On ne travaille jamais sur ces deux aspects en même temps.

Quand le plan ne se déroule pas comme prévu

Pour le cheval et le dresseur formés suivant les méthodes conventionnelles, des problèmes peuvent souvent surgir à l'adoption d'une méthode plus positive de dressage, car les règles du jeu changent elles aussi assez considérablement.

En structurant intelligemment le travail, on peut éviter de stresser le cheval et diminuer le risque de frustrations.

La section suivante passe en revue les problèmes les plus courants, et leurs solutions.

L'impatient

Beaucoup de chevaux sont incapables de se concentrer très longtemps et essaieront de faire quelque chose, n'importe quoi, aussi vite que possible pour gagner une friandise, sans essayer de comprendre vraiment ce qu'on leur demande. Ces chevaux s'énervent facilement quand le dresseur reporte son attention sur l'exercice sans offrir la friandise.

Les chevaux excessivement motivés comme ceux-ci possèdent un seuil de tolérance à la frustration très bas, et même les méthodes de dressage par le renforcement positif peuvent en générer chez eux. En conséquence, le niveau de stress atteint un niveau inconfortable, le cheval a l'impression d'être sursollicité et ne peut pas réaliser l'exercice dans la décontraction ou avec motivation.

Pour relever le seuil de frustration du cheval, il faut augmenter progressivement la difficulté de l'exercice, tout en passant dans le même temps de la récompense systématique à l'aléatoire. Outre cette progression graduelle de la difficulté, il est aussi important d'intercaler entre les nouveaux exercices, qui vont rapidement énerver le cheval, d'autres plus anciens et déjà acquis qu'il peut réussir très rapidement. Ces allers-retours le motivent énormément et l'aident à surmonter les difficultés d'assimilation que pourraient lui poser les exercices plus ambitieux. Parallèlement cependant chaque cheval doit apprendre à supporter un certain degré de frustration et à contrôler ses émotions. Une bonne occasion pour s'entraîner : nourrir un cheval à l'attache. Il va vouloir atteindre la nourriture le plus vite possible en essayant d'atteindre le seau : à ce moment précis, arrêtez-vous là où vous êtes, sans vous approcher plus. Même s'il commence à gratter ou à s'agiter, restez immobile ou éloignez-vous avec le seau. Dès qu'il arrête de gratter ou fait mine de reculer légèrement, donnez-lui tout de suite sa nourriture. Il apprend ainsi à ne pas se comporter de façon inappropriée et à vous accepter comme la personne qui contrôle l'accès à sa nourriture.

Le cheval à tout faire

Avec une récompense alimentaire notamment, on rencontre parfois des chevaux si excités par le travail qu'on ne sait plus que faire de toute cette énergie accumulée. Sans aucune demande, ils déploient tout leur répertoire de tours dans le vague espoir que ce qu'on attend d'eux va en sortir à un moment ou à un autre. Avec les têtes brûlées de ce genre, il faut tout particulièrement veiller à instaurer le lien entre l'ordre et le mouvement dès le début, sans jamais travailler sur l'exercice que le cheval exécute par hasard ou présente en premier. Ignorez ce « one-horse show » et donnez-lui le signal préalablement établi pour l'exercice de votre choix : signal de la main, ordre verbal ou langage corporel, selon l'exercice à exécuter et le niveau de dressage. Dans le cas d'un cheval excessivement motivé, il est recommandé d'alterner des exercices rapides et

Un cheval motivé et enthousiaste, c'est merveilleux tant que cette énergie reste canalisable.

actifs et d'autres plus lents et plus calmes, pour ne jamais lui laisser croire à tort que le travail est synonyme de surexcitation et lui donne le loisir de faire ce que bon lui semble. Pour le calmer et obtenir son attention, on peut aussi abandonner la friandise au profit d'un contact physique comme une caresse ou un petit grattage. Dans le cas d'un cheval hyperactif, la ligne entre le plaisir et l'excès est très ténue.

Les signaux empoisonnés

Quand un dresseur, tout impliqué et motivé qu'il soit et quel que soit le nombre de récompenses offertes, a du mal à encourager le cheval à faire même le plus facile des exercices, il y a probablement un problème de manque de motivation. C'est là qu'intervient le phénomène des « signaux empoisonnés ». Chaque être vivant a son histoire propre et peut avoir connu par le passé une expérience qui a donné à un geste pourtant innocent une connotation négative. Une action qui peut sembler totalement anodine peut être pour lui un facteur annonciateur d'une suite désagréable. Ce peut être un signal utilisé à tort, un ordre qui a été enseigné par la coercition ou la punition, ou même un événement associé à un certain type de comportement. N'importe quoi peut jouer le rôle de signal empoisonné, odeur, bruit, contact ou objet courant - pourvu qu'il soit associé à un événement déplaisant.

Supposons que le cheval déteste qu'on le selle. À un moment ou à un autre, il a peut-être été monté avec une selle inadaptée, et associe de ce fait la vue de la selle à des douleurs. Pour résoudre le problème, il faut en premier lieu appeler un sellier pour ajuster correctement la selle et tenter de le faire changer d'attitude. Mais cette initiative ne peut être fructueuse que si l'on prend en considération tous les signaux qui ont « empoisonné » le geste consistant à lui poser la selle sur le dos. Dans un cas que je connais, le signal empoisonné était le cliquetis métallique des boucles de la sangle dans la sellerie. Le cheval avait associé ce son avec une chaîne d'événements : « bruit-selle-monté-douleur ». Il faut avant toute chose identifier le signal empoisonné, puis trouver l'antidote. Le bruit porteur de cette connotation négative ne doit plus être un signal avancé de douleur ; il doit être transformé en un signal annonciateur de plaisir. Ne commencez même pas par la selle, établissez d'abord un lien positif avec le bruit des sanglons en offrant une friandise à chaque fois qu'il l'entend, en cliquant jusqu'à ce que le comportement négatif ou autre signe de stress disparaisse.

L'identification de ces signaux empoisonnés, souvent bien cachés, nécessite un instinct sûr et des trésors de patience, mais il faut relever le défi si l'on veut entretenir avec le cheval une relation qui ne soit pas fondée sur la peur. Pour certains chevaux à problèmes, il peut malheureusement exister toute une chaîne de signaux empoisonnés qui ne sont détectables que les uns après les autres. Outre l'identification individuelle du signal « infecté », il faut le redéfinir et lui donner une connotation positive. On peut aussi décider d'introduire des signaux totalement nouveaux. Un cheval qui voit le mors comme un signal empoisonné peut être monté en filet sans mors parce que celui-ci n'a aucune connotation négative.

Pour éviter de créer un signal empoisonné, mieux vaut décomposer le plus possible la première mise du filet. Cliquez et récompensez chaque action positive du cheval, comme glisser sa tête dans le filet, jusqu'à ce qu'il puisse pratiquement le mettre tout seul.

La baguette magique

Target training

Selon ce que le dresseur essaie d'obtenir et le contexte du travail, le renforcement positif met à sa disposition toute une palette d'aides et de méthodes. Le target training joue un rôle primordial dans l'éducation du cheval. Ce procédé lui enseigne la signification de différents objets et le contact de ceux-ci sur différentes parties de son corps. Il apprend à suivre un signal de la baguette ou de la main, à se tenir sur une cible ou à côté, ou à aller dans sa direction. Ces objets cibles lui donnent un point de repère dans l'évaluation d'une situation et permettent au dresseur de débuter de nouveaux exercices sans avoir à imposer de pression. La cible devient un signe aisément identifiable indicateur du mouvement ou de l'action attendue. C'est un outil indispensable dans le dressage par renforcement positif.

La diversité du target training

Selon l'exercice, les cibles peuvent être des objets très variés. Les plus connus sont les longs sticks qu'on appelle « target sticks », ou baguettes cibles, que le cheval doit suivre et qui peuvent aussi servir d'aide pour le conduire. Les baguettes télescopiques sont particulièrement bien adaptées, bien que les tapettes, les cuillères en bois, les bambous ou les cravaches soient acceptables, à condition de n'avoir aucune association négative pour le cheval. Il est important que la partie de la baguette qu'il doit toucher, le bout en général, soit aisément repérable pour lui et facile à distinguer. Dans le cas des tapettes, c'est facile. Avec les bambous, on peut enrouler autour un ruban adhésif de couleur ou coller une balle de tennis au bout, pour rendre l'extrémité facilement identifiable. Autre avantage, on évite ainsi de risquer d'infliger une douleur au cheval en le lui plantant accidentellement dans un naseau.

Naeryo suit la nouvelle cible comme si une longe invisible l'y rattachait.

La première rencontre entre le cheval et la baguette cible doit donner lieu à un premier processus de conditionnement opérant. Comme nous l'avons déjà vu en détail page 26, vous devez tenir la cible près de sa bouche pour qu'il la touche, par accident ou par curiosité. Marquez immédiatement ce geste par le renforçateur secondaire suivi d'une friandise. Le cheval ayant déjà été amorcé au clicker à ce stade, il devrait comprendre après à peine quelques répétitions que c'est la cible qu'il doit toucher du bout du nez ou des lèvres.

À la phase suivante du travail, il doit apprendre à suivre la cible et à la toucher où qu'elle aille. Commencez à déplacer la cible dans différentes positions, en haut, en bas, puis entre les antérieurs du cheval afin de l'obliger à se baisser vers elle pour la toucher et gagner son cliquetis et sa friandise. Ne rallongez la distance entre l'objet

Le target training est un exercice très motivant. Certains chevaux ne s'en lassent jamais et vous apportent même la cible pour vous demander de continuer.

et le bout du nez du cheval que progressivement, afin qu'il ne se désintéresse pas de l'exercice. Petit à petit, demandez-lui de s'étirer pour toucher la cible plus loin.

Une fois qu'il sait faire, vous pouvez éloigner la cible pour l'obliger à faire un pas en avant pour l'atteindre. Il devra marcher vers l'objet puis le toucher pour obtenir son clic et sa récompense. Prochaine étape : vous pouvez renforcer ce qu'il vient d'apprendre en marchant lentement devant lui, la cible à la main. N'offrez la récompense que lorsqu'il vous suit sur le rythme requis, presque comme si vous teniez un aimant géant.

Avec un peu d'entraînement, le cheval peut apprendre à suivre la cible sur des distances de plus en plus longues, en variant les allures et la vitesse. Vous pourrez ainsi le mener sans aucune attache directe comme si vous aviez une longe invisible, et vous pouvez ensuite vous essayer à des variantes plus ardues, par exemple le conduire dans un labyrinthe de barres ou slalomer entre des cônes. Vous serez vite capable d'appeler votre cheval pour qu'il vienne vers la cible et d'utiliser ce stratagème, par exemple, pour l'appeler quand vous devez aller le chercher au pré.

Morghain a appris à « verrouiller la cible » en se focalisant sur la main d'Ursula, et à suivre cette main-cible. Toutes deux sont maintenant prêtes à débuter un travail en liberté plus avancé.

Le jeu du « Suis-moi » – Un target training à la main bien pratique

En s'appuyant sur le travail réalisé avec la cible, on peut maintenant apprendre au cheval à suivre librement le dresseur, avec la seule aide de la « longe invisible ». Dans le cas de cet exercice de target training, la main du dresseur joue le rôle de la cible. L'objectif à long terme : pouvoir mener le cheval sans licol, longe ou autres accessoires. C'est aussi utile pour, plus tard, pouvoir guider le bout du nez du cheval dans la bonne direction, par exemple dans les tours de cirque ou les exercices gymnastiques.

Décidez tout d'abord d'un signal précis à donner de la main quand elle sert de cible. Il doit être parfaitement identifiable pour le cheval ; ce peut être un poing serré ou un doigt pointé, bras tendu. Si le cheval tient le nez à la hauteur de votre main, cliquez et récompensez. Après plusieurs répétitions, tout comme vous avez changé de position de main lors du travail avec la cible, passez de la main gauche à la main droite et récompensez à nouveau quand il la suit du nez. Quand il commence à se diriger activement vers votre main, vous pouvez faire quelques premiers pas. Au début de l'exercice, ne demandez que très peu de foulées avant de cliquer et de donner une friandise, pour que le cheval continue de prendre du plaisir au travail. Plus tard, ne récompensez que pour une distance plus longue à vos côtés la tête au niveau de votre main. Variez la direction et la vitesse pour rendre l'exercice plus intéressant.

Quand vous avez atteint le stade où le cheval suit facilement, commencez à intégrer le target training à votre routine quotidienne et à le combiner avec d'autres exercices. Le cheval doit maintenant suivre votre main volontairement dans l'espoir d'être récompensé et adapter sa vitesse à la vôtre sans que vous ayez besoin d'une cravache ou d'une longe pour le tirer. Bien évidemment, ne pratiquez la conduite en liberté que dans un espace bien clôturé, dans un souci de sécurité.

La cravache comme cible

La cravache peut aussi servir de cible parce qu'elle peut constituer une aide visuelle indiquant au cheval dans quelle direction on lui demande de déplacer

Alex utilise sa cravache pour montrer à Selena quel antérieur elle doit lever à ce stade de son pas espagnol.

une partie de son corps en particulier. Dans le dressage par renforcement positif, la cravache n'est jamais un objet lui ordonnant de s'éloigner, bien au contraire. Dans cette optique positive, elle fait office d'aimant, attirant le cheval vers elle. Dans le sillage de la méthode décrite ci-dessus pour la cible, il doit d'abord être récompensé par un cliquetis et une friandise à chaque fois qu'il avance le membre en direction de la cravache placée près de celui-ci. Ce faisant, il apprend à mettre l'antérieur au niveau de la cravache, ce qui peut servir pour l'acquisition du pas espagnol. Une fois qu'il a appris à lever le bon antérieur au contact de la cravache, on peut peaufiner en indiquant de la cible - la cravache - à quelle hauteur il doit lever et tendre l'antérieur. On peut ainsi facilement améliorer l'expressivité du pas espagnol, puisqu'on est en position de communiquer avec précision le degré d'amélioration souhaité.

Cibles fixes – Lieux de sécurité

Tout comme des cibles mobiles, qui sont idéales pour demander au cheval de vous suivre ou pour lui faire effectuer un déplacement particulier, vous pouvez aussi travailler avec des cibles fixes, c'est-à-dire des cibles qui restent à la même place sans aller vers le cheval ou se déplacer autour. Le cheval doit la toucher jusqu'à ce qu'un nouvel ordre lui demande de changer de mouvement ou qu'un clic lui signale la fin de l'exercice. On peut se servir de divers objets, tels que paillassons, couvercles ou barres posées au sol. Vous pouvez utiliser un petit marchepied ou un plot comme cible fixe s'il est suffisamment large pour que le cheval se tienne les antérieurs posés dessus. Il reconnaît facilement une cible fixe, qui constitue une oasis de sécurité et de calme quand on essaie de nouveaux exercices ou dans un environnement peu familier.

Le cheval peut être très inventif quand il s'agit d'attirer votre attention en faisant quelque chose que vous ne voulez pas qu'il fasse ! Vous pouvez contrer ce problème en établissant un autre type de comportement parce qu'il sera difficile pour un cheval d'afficher un comportement indésirable en même temps qu'on lui demande d'exécuter un mouvement complètement différent. Si le cheval gratte à l'attache pendant le pansage, on peut se servir d'une cible fixe pour le distraire. Apprenez-lui à toucher la cible doucement pour transformer le grattement en un mouvement plus souhaitable. La cible peut être un couvercle en plastique attaché à l'anneau auquel le cheval est attaché, ou un tapis en caoutchouc au sol que vous lui demandez de toucher pendant le pansage. Apprenez au cheval à toucher la cible d'abord puis, selon la fourchette d'attention du cheval, rallongez le laps de temps durant lequel il doit se tenir immobile à côté ou dessus. Le laps de temps durant lequel vous lui demandez de ne rien faire ne doit être rallongé que progressivement, avec quantité de courtes pauses entre les deux, afin qu'il ne devienne pas frustré et que son intérêt reste éveillé.

Gloa attend patiemment sur le paillasson
le signal de Verena.

Le signal de contact

Passé les premiers stades du target training, il suffit que le cheval puisse jeter un coup d'œil sur un objet pour qu'il réagisse par le mouvement associé à celui-ci. Quand il repère le signal visuel, en d'autres mots la cible, il veut la toucher. Pour mettre à profit cette capacité avec plus de souplesse, dans différentes situations, un signal vocal indiquant qu'il doit toucher l'objet est utile. Le cheval doit maintenant apprendre à toucher la cible quand il en reçoit l'ordre verbal. De nombreux dresseurs utilisent le mot « Touche ».

Commencez par introduire ce nouveau mot en le disant juste avant de montrer la cible au cheval. Ensuite, pendant l'exercice, ne récompensez le cheval que lorsqu'il touche la cible quand vous lui en avez intimé l'ordre. Avec le temps, il va associer le mot « Touche » au contact avec des objets en général. Ce faisant, il dévoile réellement une aptitude étonnante à la pensée abstraite, similaire à la nôtre, en se montrant capable de comprendre un même mot dans différents contextes. En d'autres termes, il est capable de comprendre et d'interpréter le même ordre pour différents objets.

La capacité intellectuelle nécessaire pour cela s'avère aussi extrêmement utile à l'introduction de nouvelles cibles plus tard, dans le travail quotidien. On peut également s'en servir pour rendre des objets incon-

Bessi reconnaît le signal de contact donné par Verena et se ploie pour toucher son poing serré.
Ainsi, les assouplissements se transforment en un simple jeu.

nus ou effrayants plus attractifs. Il suffit de les « vendre » comme de nouvelles cibles, en utilisant le signal de contact pour lui demander d'établir le contact avec eux. Avec cette méthode, la majorité des chevaux s'habituent rapidement à un large éventail d'objets, comme la monstrueuse bâche, les poubelles ou le ruban adhésif.

Une pluie de friandises

Un épais tapis de caoutchouc comme celui qu'on met au sol des écuries ou des vans peut devenir un bon allié. Entraînez le cheval à le toucher des quatre pieds en lui apprenant à se tenir debout dessus et à y rester immobile. Félicitez et récompensez-le chaque fois qu'un de ses sabots entre en contact avec le tapis et pour finir quand il se tient dessus.

La « pluie de friandises », comme je l'appelle, peut être très motivante dans plusieurs exercices où l'on demande au cheval de garder la même position. Dès qu'il se tient calmement sur le tapis, imaginez qu'un déluge de friandises plutôt que d'eau s'abat sur lui. Cliquez et récompensez chaque seconde où il reste immobile et en contact avec la cible fixe. Dès qu'il fait mine de bouger ne serait-ce qu'un sabot, cessez immédiatement. Ce brutal contraste l'aide à comprendre que l'immobilité est de loin l'option la plus gratifiante. Au fur et à mesure du dressage, réduisez la fréquence et la quantité de friandises pour revenir à un niveau plus gérable. Avec cette technique, le tapis devient un endroit associé à un fort renforcement positif et constitue en lui-même une forme de récompense.

On peut maintenant l'intégrer à la gamme d'exercices, avec par exemple un huit de chiffre, en passant par-dessus le tapis placé au centre qui sert de cible et de lieu de récompense. Il peut aussi être un outil de motivation pour encourager le cheval à embarquer en van quand il résiste, ou pour lui permettre de se reposer après un exercice ardu comme l'épaule en dedans.

Le cheval qui vient de passer une étape importante doit être inondé de friandises.

Ce n'est pas la destination qui compte, c'est le voyage

Le shaping

Le shaping est l'un des concepts les plus intéressants de l'éducation par renforcement positif. Aucun cheval ne donne spontanément un pas espagnol dans l'espoir qu'on va le remarquer et le féliciter. Il n'a aucune idée du but visé quand on commence le travail et il est très improbable qu'il affiche un résultat final parfait par un heureux coup de chance. Le shaping consiste à travailler vers l'objectif pas à pas, en accompagnant le cheval le long du chemin avec des clics et des récompenses. Pour vous aider, imaginez votre cheval effectuant un pas espagnol parfait au ralenti et observez quel muscle il utilise et à quel moment. Il est absolument vital de se faire une image exacte de ce que l'on essaie de réaliser, et ce pour chaque exercice, chaque comportement et chaque mouvement. Il faut maintenant faire une réalité de cette image, le pas espagnol parfait par exemple, en la décomposant en étapes minuscules et en marquant et en récompensant même le plus infime tressaillement des groupes musculaires mobilisés dans le mouvement, plutôt que le simple résultat final. C'est ce que l'on appelle le micro-shaping.

Il est même superflu de toucher le cheval ; utilisez les récompenses pour orienter son mouvement dans la direction souhaitée, en vous rapprochant progressivement, d'essai en essai, du résultat final.

C'est un processus très similaire au jeu de cache-tampon où l'on guide un joueur qui a les yeux bandés en lui criant « Tu chauffes » ou « C'est froid ». C'est un exemple classique de shaping. Seuls les joueurs qui l'entourent savent où se trouve la cible visée et le joueur aux yeux bandés dépend totalement de leurs indices verbaux. Et bien que privé de sa vue, il finira par atteindre son but.

Toutefois, si l'on dit trop souvent au joueur ou en l'occurrence au cheval « Tu ne vas dans la bonne direction » ou « Non, ça n'est pas ça » durant le shaping, il se décourage et s'en trouve rapidement démotivé. Il adopte un comportement de plus en plus passif ou finit par être frustré au point de ne plus vouloir jouer. Pour empêcher le cheval de parvenir à ce stade de résignation, on n'utilise que des signaux positifs pendant le shaping pour lui montrer ce qui est bien, en ignorant les erreurs inévitables pendant tout apprentissage.

Le shaping est un concept d'assimilation extrêmement motivant et utilisable dans tous les domaines. C'est cependant, tant pour le dresseur que pour le cheval, une méthode de travail très exigeante qui exige que le premier observe attentivement les plus subtiles altérations du langage corporel du second et les plus infimes signes de progrès.

Shaping élémentaire – Le cerceau

Un cerceau, disponible dans tous les magasins de jouets, est un exemple d'accessoire permettant un exercice de shaping classique. Placez le cerceau par terre devant le cheval et marquez votre approbation chaque fois qu'il le touche du bout du nez. Affinez vos critères millimètre par millimètre, en ne cliquant et en ne récompensant que lorsque sa lèvre supérieure touche le haut du cerceau et la lèvre inférieure le bas – en d'autres termes, l'étape préliminaire avant qu'il ne le morde pour de bon. Attendez pour cliquer ensuite qu'il ouvre la bouche et morde légèrement le cerceau. De là, vous ne devez cliquer et récompenser le cheval que lorsqu'il prend brièvement le cerceau dans sa bouche. Marquez et récompensez ensuite une tentative de soulever le cerceau. Pour commencer, il ne le soulèvera sans doute que brièvement, avant d'essayer progressivement de le mettre dans une position facilitant le lancer. Au fil de l'exercice, le cheval va développer sa technique de lancer, jusqu'à ce qu'il finisse par hasard par lancer le cerceau par-dessus sa tête autour de son encolure. À ce stade, félicitez sans compter, avec un jackpot bien mérité.

Dinah est une professionnelle du cerceau. Par le shaping, elle a appris à le lancer en l'air et à le rattraper avec sa tête.

La voie de l'apprentissage

Pour utiliser le shaping le plus efficacement possible pour modifier ou instaurer un comportement, il convient d'étudier comment se déroulent réellement l'apprentissage et le parcours qu'il suit. À long terme, le cheval doit afficher un comportement ou un mouvement précis, au bon endroit, au bon moment et dans un certain contexte. En utilisant le langage corporel ou en structurant habilement le déroulement de la leçon, on aide à orienter précisément le shaping dès le début afin de diminuer le risque d'erreur. On peut faciliter le succès du cheval simplement en menant le travail dans un environnement propice au processus, ou à l'aide du langage corporel. Par exemple, quand on commence à apprendre le reculer à un cheval, il est souhaitable de le positionner à côté d'une clôture ou de la lice de la carrière ou de se tenir à côté de lui pour empêcher son arrière-main de s'échapper.

L'incitation : montrer la voie

Une incitation est une aide à l'apprentissage, un repère ou un signal complémentaire qui aide le cheval à comprendre ce qu'on essaie de lui enseigner ou qui lui indique vers quoi tend le travail. Votre propre comportement peut être une incitation si vous indiquez par exemple par votre langage corporel dans quelle direction vous voulez qu'il se déplace ou que vous courez pour l'inciter à changer d'allure. Ces incitations particulières sont appelées « sollicitations ».

On utilise des sollicitations comme outils d'apprentissage dans le processus de shaping quand :

- On donne des signaux verbaux familiers, par exemple en montant la voix pour pousser le cheval en avant ou en la baissant pour le calmer et l'encourager.
- On utilise des gestes, une imitation ou un langage corporel comme signaux, par exemple quand on se fait plus petit pour ne pas impressionner un cheval timide ou quand on fixe du regard une partie précise du cheval.
- On lui montre comment faire, pour l'encourager à imiter et à suivre, par exemple en sautant un cavaletti devant lui.

En outre, l'environnement et l'ambiance de l'apprentissage mis en place peuvent servir d'indications. Les points de référence comme ceux-ci sont appelés incitations environnementales. L'environnement de travail doit être conçu de manière à augmenter la probabilité d'assimilation réussie. Le rôle des « incitations environnementales » est encore plus transparent dans l'utilisation du licol et de la longe pour restreindre sa liberté de mouvement et ainsi orienter son comportement sur la voie désirée. Des barres dessinant des couloirs au sol ou des cônes comme repères visuels peuvent être des incitations environnementales utiles dans les premiers temps du travail en liberté.

Diminuer les récompenses – Baisser le volume

Il faut bien sûr réduire la fréquence des signaux au fur et à mesure du travail. À un certain stade, le cheval doit apprendre à enchaîner les mouvements en réponse à un seul ordre, définitif, plutôt qu'à une série d'ordres. Dans un contexte équestre, il ne doit pas se contenter de prendre le galop parce qu'il en suit un autre plus expérimenté et qu'il répond à la sollicitation de la voix, il doit aussi savoir obéir aux seules aides physiques.

Ici, Verena se déplace latéralement, croisant une jambe par-dessus l'autre ; c'est une sollicitation qui invite Bessi à l'imiter.

Pour ce faire, on transfère un ou plusieurs stimuli à un signal ou un ordre choisi plus tard. Les incitations s'éteignent progressivement pour céder la place à un ordre qui va devenir définitif. Prenons l'exemple du travail en liberté : après une période pendant laquelle le cheval trotte en cercle en passant entre des barres parallèles placées sur le cercle, on enlève une par une les barres jusqu'à se passer complètement des aides visuelles, avec un cheval qui se déplace autour du dresseur en cercle, sans longe.

Quand on longe, on peut progressivement poser la longe sur l'encolure de plus en plus longtemps, jusqu'à pouvoir l'enlever totalement.

On peut aussi diminuer ses propres sollicitations physiques en ne sélectionnant qu'une aide dans toute la gamme utilisée (geste, position du corps ou voix) comme seul signe (signe de la main ou ordre verbal).

À cette fin, on utilise peu à peu de moins en moins souvent les autres sollicitations, en mettant l'accent sur l'ordre choisi pour demander à l'avenir le mouvement ou le comportement visé.

Conseils

1. Avant de pouvoir ne serait-ce que commencer à penser à diminuer les signaux, on doit décider ce que l'on désire obtenir (comportement ou mouvement) et l'ordre exact le demandant. Par exemple, vous voulez que le cheval galope en longe après un seul ordre, sans retenir les autres aides utilisées pour lui enseigner cet exercice.
2. Il faut d'abord identifier clairement toutes les autres incitations utilisées, en se souvenant clairement de leur ordre afin de pouvoir les diminuer en conséquence. Dans le cas de notre exemple de galop, vous avez probablement utilisé à la fois des incitations physiques, comme vous redresser et courir avec le cheval, et votre voix, en donnant des ordres appris pendant d'autres exercices, ainsi que des incitations environnementales, par exemple en demandant le galop toujours au même point du cercle.
3. Il faut préalablement identifier les principaux stimuli, en d'autres termes les signaux les plus importants et ne les faire disparaître que lentement, afin d'éviter les malentendus. On doit d'abord se deman-

der si une incitation spécifique et particulièrement efficace peut plus tard être utilisée comme ordre définitif, ce qui facilite d'autant le processus. En règle générale, le cheval réagit plus fortement aux aides données par le langage corporel, de sorte qu'il est souvent plus simple et plus efficace d'utiliser une incitation physique comme ordre final plutôt que d'insister sur un ordre verbal. Il s'agit donc de savoir si, quand vous longez, le cheval voit votre petit « tagada » sur place, pareil à un enfant imitant le galop du cheval, comme un stimulus plus fort et le trouve plus important que l'ordre verbal donné en même temps et auquel il ne prête quasiment aucune attention. Dans ce cas, ne réduisez l'ordre exprimé par votre langage corporel que très lentement, ou choisissez éventuellement d'en faire l'ordre principal et d'éliminer totalement l'ordre verbal.

4. Si les choses vont de travers, revenez une étape en arrière et réintégrez les stimuli principaux et les incitations plus nettes que vous utilisiez auparavant. Si le cheval ne répond plus à l'ordre demandant le galop, réintroduisez les incitations éliminées, en ordre inversé.

La fenêtre d'opportunité imaginaire

En fixant une fenêtre d'opportunité imaginaire, il est possible d'accélérer la réaction du cheval à un signal ou à un ordre déjà acquis. À cette fin,

En assignant mentalement un délai, on augmente la vitesse de réaction et on perd moins de temps pendant le dressage. Grâce aux encouragements que lui prodigue Kerstin, Jimmy travaille avec enthousiasme.

donnez au cheval un ordre bien établi, comme un « Viens ». Fixez un temps de latence précis durant lequel il doit obéir, par exemple cinq secondes. S'il réagit dans le délai prescrit, il est récompensé par un clic et une friandise ; trop lentement, pas de récompense. Au fur et à mesure de la leçon, raccourcissez le temps de latence jusqu'à ce que le cheval n'obtienne de récompense que s'il répond immédiatement et sans hésitation. Il en sera d'autant plus attentif et réagira beaucoup plus vite ; vous perdrez donc moins de temps.

Si vous optez pour cette technique, imaginez l'ordre comme un feu de signalisation. Quand vous enseignez un exercice, le feu est orange, ce qui pourrait se traduire par « Fais attention, il va se passer quelque chose et tu dois réagir ». Puis le feu passe au vert, ouvrant une fenêtre de temps durant lequel le cheval, comme le conducteur, doit réagir. Vous pouvez lui apprendre ce concept en en faisant un exercice, ou lui signaler qu'il a un délai prescrit en lui disant « Vite » pour l'encourager à se dépêcher. S'il réagit dans le délai imparti, il doit être récompensé ; sinon, le feu passe automatiquement au rouge. Il est alors trop tard pour une récompense et le cheval doit attendre l'occasion suivante pour réagir plus vite et obtenir sa récompense, qui doit bien sûr être offerte dans les plus brefs délais.

Cette méthode est précieuse dans les exercices où le cheval doit apprendre à réagir vite mais sans pression, par exemple pour une transition trot de travail-trot moyen. Cela peut même vous aider à encourager votre cheval à la façon d'une pom-pom girl, pour lui indiquer très clairement que vous désirez un tempo plus rapide.

La mise en bouche, un instant d'enthousiasme

La mise en bouche, c'est un avant-goût de la récompense à suivre. Au début du travail ou avant un exercice en particulier, révélez quelques friandises au cheval et donnez-lui en quelques-unes après avoir cliqué, sans qu'il ait à faire quoi que ce soit pour y avoir droit. Ainsi, vous lui ouvrez l'appétit et vous suscitez son enthousiasme, et l'envie de travailler pour en avoir d'autres.

Il en va de même pour nous, et notamment pour les joueurs : l'organisateur du jeu offre un gros lot séduisant, que l'on est prêt à payer pour avoir une chance de le remporter. Mais si le gros lot était tenu secret, on serait moins enclin à participer.

On procède de même dans le dressage par renforcement positif, par exemple avant un concours ou un examen. En donnant au cheval quelques clics et quelques friandises au préalable, on démarre avec un cheval beaucoup plus motivé. On peut aussi s'en servir pour adoucir l'humeur d'un cheval lors d'un exercice qu'il n'aime pas ou qu'il trouve difficile. Pour certaines tâches, embarquer par exemple, on sait rapidement si le cheval est enthousiaste ou pas. Le cheval discret ou sensible du type passif mais stressé tend à avancer de moins bon gré et n'a pas la confiance en lui nécessaire pour se montrer autonome. Dans ce cas, le problème est qu'on n'offre que très peu de récompenses, puisque le cheval obéit très rarement aux instructions, ce qui le démotive d'autant plus.

Cette petite mise en bouche suscite un certain enthousiasme chez le cheval pour le tra-

Un petit avant-goût peut faciliter les débuts avec les exercices plus exigeants.

vail à venir, et lui donne un avant-goût du succès avant de débuter le travail. Le cheval reste motivé et fait des progrès plus rapides dans son dressage. En outre, la personnalité équine plus timide est ainsi tirée de sa coquille parce qu'elle se rend rapidement compte que le jeu en vaut la chandelle et qu'elle n'a pas à craindre de contrainte.

La mise en bouche doit toujours être une récompense particulièrement appétissante, correspondant aux prédilections personnelles de chaque cheval. Le cheval ne doit pas être conduit tout au long de l'exercice par ce stratagème, la mise en bouche n'est distribuée qu'avant l'exercice. Bien sûr, s'il réalise l'exercice correctement, le reste des friandises sert de récompense. Le contraire serait une déception pour le cheval, car vous lui avez promis cette récompense au début de la leçon et qu'il l'a attendue avec impatience tout au long du travail.

« Y a d'la joie ! »

Le cheval dressé par le shaping commence aussi à apprendre par lui-même. Il est plus alerte que la moyenne, plus concentré sur le travail qu'il fait avec son dresseur et plus intéressé par celui-ci. Il est également plus apte à exprimer sa créativité propre si on le laisse faire. Les jeux avec des objets, apparemment assez futiles, sont particulièrement adaptés dans cette optique. Le cheval développe ses propres variantes, et son dresseur peut jouer avec lui sans se soucier de savoir si ce jeu pourrait devenir un tour à exécuter sur commande. La faculté du cheval à penser par lui-même en est grandement accrue.

Au fil du temps, le cheval saisit de plus en plus vite ce que son dresseur attend de lui. Il s'implique de plus en plus dans le travail et se tire plus vite des situations nouvelles, car la nouveauté n'est plus pour lui une menace, mais un défi. Un cheval déjà familier de la balle ne trouve rien de vraiment spécial à une bâche au sol si on la lui présente comme un nouveau jeu.

Comme on l'a déjà vu, le shaping est une méthode de dressage extrêmement efficace. Le cheval apprend vite et retient ce qu'il a appris. Il y a une autre raison pour laquelle je recommanderais cette forme de « modelage » : elle rend cheval et dresseur heureux. Quand on donne la récompense, on active le circuit de la récompense dans le cerveau chez l'humain comme chez le cheval, ce qui procure une sensation de bonheur. Le cheval se sent bien avec ce genre de dressage parce qu'il peut décider de la vitesse à laquelle il apprend et qu'il n'y a aucune restriction susceptible de causer stress ou inquiétude.

Capturing – Savoir saisir l'instant

Parmi les méthodes largement utilisées dans le dressage par renforcement positif, on trouve le « capturing ». Certains types de comportement exhibés spontanément à l'occasion peuvent être cliqués et récompensés. Après plusieurs répétitions, le cheval comprend qu'il s'agit désormais d'un exercice. Un exemple simple : le coucher. Quand vous voyez le cheval sur le point de se coucher pour se rouler, cliquez immédiatement. Il suffit de quelques répétitions pour qu'il fasse le lien avec la récompense et se couche délibérément en vous regardant. Vous pouvez maintenant introduire un signal, un

Le shaping est la clé du bonheur.

Dans le dressage par renforcement positif, on part souvent du comportement naturel du cheval, par exemple quand il s'apprête à se rouler, en utilisant le clicker et la récompense pour lui apprendre à se coucher à la demande.

index pointé par exemple, que vous utiliserez quand le cheval se couche de son propre gré, et plus tard quand vous voudrez le faire se coucher sur votre ordre. Vous avez ainsi réussi à « capturer » un mouvement précis et naturel, que vous pouvez recréer à volonté. Le capturing a deux avantages : d'un, il s'agit de tâches aisées pour le cheval, de deux, la séquence d'actions suit son mouvement instinctif. Apprendre à un cheval à se coucher à la manière classique, en lui demandant de s'incliner puis de s'agenouiller, a l'avantage de suivre une séquence fixe d'étapes individuelles, mais le geste peut sembler artificiel et très étudié.

Le signal de « maintien » – Rassurer

Imaginez qu'après shaping, le cheval maîtrise désormais un exercice, et qu'il ne soit plus nécessaire de le peaufiner ou de le compléter. Il n'y a plus qu'à indiquer que c'est ainsi qu'il doit faire, à chaque fois. Le cheval ne doit plus être en mode « apprentissage », très attentif, mais plus décontracté. Outre le signal lui demandant de continuer, que je vais expliquer plus tard, on peut aussi en introduire un autre pour lui dire que l'exercice est abouti et qu'on n'attend plus aucune amélioration ; on lui dit d'en rester là où il est, que l'exercice ne subira aucune autre modification et qu'il est inutile d'en faire plus. Il ne s'agit plus de marquer un événement ou une action précise ; exhalez plutôt un long son comme « Biiiiiiiiiiiiiiiiiiiiiiiiieeeen » ou « Schhhhhhhhhhhh » pour accompagner le cheval dans l'exécution parfaite.

Le signal de maintien de Conny montre à sa jument Dinah qu'elle n'attend plus rien d'autre d'elle que de rester calmement immobile.

Confiance et harmonie

Les bases à pied

Pour explorer et peaufiner les différentes méthodes et techniques qu'implique le dressage par renforcement positif présentées jusqu'ici, il vaut mieux réaliser certains des exercices de base avec le cheval à pied. On a ainsi l'occasion de mieux observer le cheval et de se concentrer sur ses compétences nouvellement acquises. Les premières tentatives sur cette nouvelle voie vers une coopération plus harmonieuse doivent se faire dans la plus grande décontraction possible. Vous avez maintenant tout loisir de choisir comment communiquer avec le cheval dans le répertoire désormais à votre disposition. Vous devez toujours garder à l'esprit le but vers lequel vous tendez, mais il vous appartient de décider si vous souhaitez capturer un mouvement naturel ou si vous désirez modeler le comportement du cheval par le renforcement positif puis le peaufiner.

En donnant confiance au cheval, on pose des fondations émotionnelles solides de la relation future, des fondations qui amélioreront la qualité du travail ensemble. Les premières leçons doivent être amusantes pour toute l'équipe, cheval et dresseur ; elles doivent stimuler la créativité et aiguiser la curiosité quant aux outils de communication possibles et quant à la traduction du langage corporel du cheval et la réponse à lui apporter. Avec de la patience et de l'empathie, vous vivrez rapidement de nombreux moments de satisfaction et de plaisir sur le chemin qui vous mène à vos objectifs, dès que vous apercevrez un éclair de compréhension dans le regard du cheval et qu'il vous étonnera par sa vive intelligence.

Immobilité – La statue

Si vous souhaitez apprendre au cheval à se tenir immobile sur commande sans attache (en équitation Western, c'est ce qu'on appelle le *ground tying*), il existe plusieurs méthodes. Vous pouvez l'encourager à ne bouger aucun de ses membres, avec un tapis comme incitation environnementale, ou vous servir de sollicitations pour façonner le comportement attendu. Pour ce faire, marchez à côté de lui, puis arrêtez-vous brusquement. La plupart des chevaux imitent d'instinct le mouvement du dresseur et s'arrêtent eux aussi. Marquez précisément le moment où les quatre membres sont immobiles et couvrez le cheval de félicitations.

Une fois qu'il répond immanquablement à votre ordre gestuel d'arrêt, introduisez un ordre verbal qui à l'avenir sera utilisé pour demander l'arrêt, par exemple « Stop ». Une fois l'association entre le geste et l'ordre verbal établie à coup sûr, différez le clic, l'idée étant que le cheval se tienne immobile de plus en plus longtemps et non pas simplement quelques secondes. Si le cheval bouge avant le clic, vous avez probablement attendu trop longtemps. Dans ce cas, interrompez l'exercice et réessayez plus tard.

Vous pouvez maintenant progresser dans la difficulté. Donnez l'ordre d'arrêt et reculez de quelques pas ou marchez en cercle autour du cheval, en faisant du bruit ou en agitant un objet. Cliquez à intervalles irréguliers tant que le cheval ne réagit pas et reste en place. Après chaque clic, n'oubliez pas d'aller vers le cheval et de lui donner une récompense avant de continuer. La difficulté ne doit s'accroître que progressivement. L'exercice de la statue est fondamental ; c'est une compétence essentielle pour l'éducation aux soins vétérinaires, que nous décrirons plus tard, ainsi que pour la *versatility*, une discipline Western axée sur la polyvalence.

Skadi maîtrise l'exercice de la statue dans des circonstances difficiles et sait même lancer une balle.

Une seringue remplie de compote de pomme rendra la vermifugation plus appétissante à l'avenir.

Le dressage comme barrière de sécurité

Nous sortons les chevaux de leur environnement naturel pour les intégrer à notre monde moderne et technologique comme compagnons et animaux domestiques. Ils sont soumis à une multitude de stimuli extérieurs tels que voitures et objets bigarrés, et confrontés par ailleurs à la nécessité de soins médicaux. Mère Nature les a équipés pour faire face à tous ces défis et toutes ces influences. Une relation basée sur la confiance et l'utilisation du renforcement positif peuvent aider le cheval à gérer les demandes de sa vie quotidienne.

Les zoos du monde entier ont prouvé qu'il était possible d'instaurer la confiance et un lien solide même avec les animaux sauvages, en se servant du renforcement positif pour mettre en place la communication. On peut mener les flamants roses au bassin à l'aide d'un target stick, faire une pédicure à un éléphant après lui avoir fait poser le pied ; les rhinocéros se pressent contre les barreaux de leur cage pour permettre les prélèvements sanguins. L'énorme orque présente à son dresseur ses impressionnantes rangées de dents pour faciliter le travail du vétérinaire.

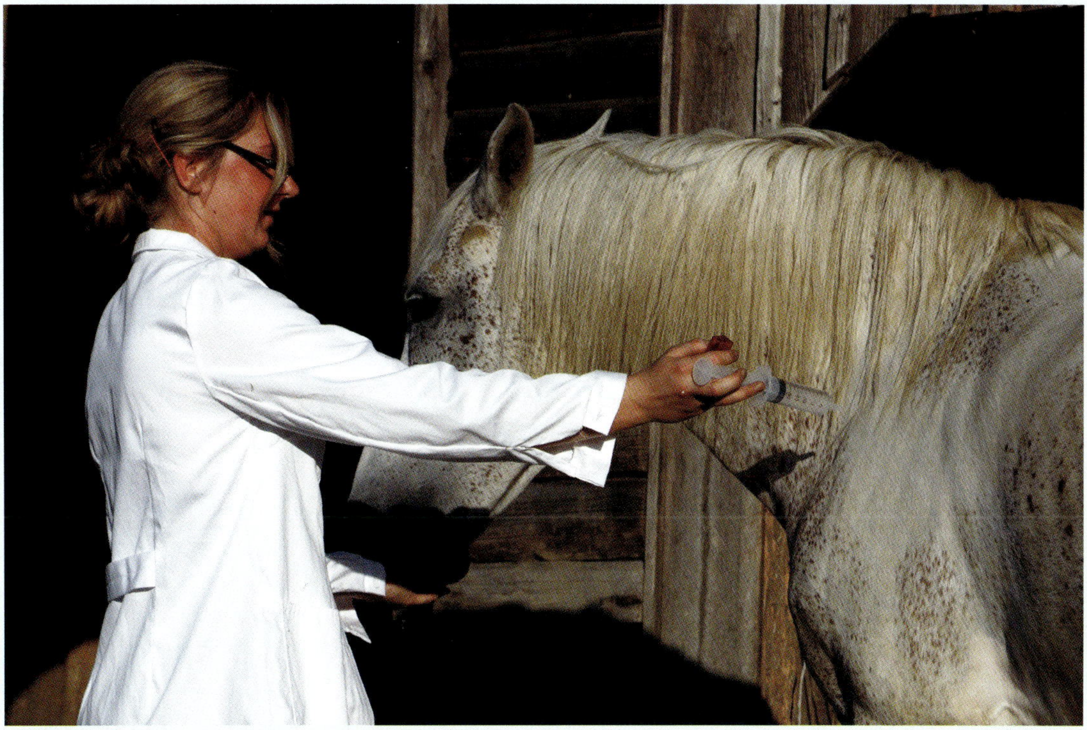

Imiter un vétérinaire en visite en accompagnant de clics et de récompenses est une bonne répétition avant la terrifiante vaccination.

Outre la confiance qu'ils ont dans leur dresseur humain, c'est un dressage systématique des animaux qui rend tout ceci possible sans l'aide de tranquillisants. Les connaissances acquises par ceux qui travaillent avec des animaux en captivité sont profitables pour les cavaliers et leurs chevaux car on peut s'inspirer de leurs méthodes, initialement mises au point pour permettre les soins vétérinaires, pour apprendre au cheval à se tenir calme et détendu pendant qu'on lui applique un cataplasme sur le pied ou que l'on prend sa température, sans qu'il soit besoin de tord-nez ou de sédation.

En plusieurs séances de travail et par petites étapes, on peut imiter et répéter au préalable certains examens de routine. Si vous voulez pouvoir ouvrir la bouche du cheval sans utiliser la force, afin que le vétérinaire puisse plus tard vérifier ses dents, commencez par accompagner chaque bref contact avec la bouche d'un clic. Attention à ce qu'il se tienne tranquille et n'essaie pas de découvrir quel goût ont vos doigts, ou ne recule pas la tête. Rapprochez-vous graduellement de ses lèvres jusqu'à pouvoir les ouvrir délicatement. Continuez à cliquer et récompenser tout nouveau contact avec la bouche pour rendre ce toucher inhabituel aussi acceptable que possible. L'objectif : que le cheval vous permette d'examiner ses dents et ses gencives sans opposer de résistance. Parallèlement, vous pouvez l'entraîner de même à accepter que l'on relève sa queue pour insérer un thermomètre, que l'on pose un bandage sur ses membres ou qu'on écoute les bruits de son corps, par le renforcement positif et en attendant toujours des moments de calme qui pourront être récompensés. Remplissez par exemple une seringue de compote de pomme pour préparer le cheval à la vermifugation. Attention : avec tous ces exercices, il importe de laisser au cheval le temps dont il a besoin et de ne pas faire pas l'erreur de vouloir tout tout de suite.

Outre la familiarisation avec différents soins de routine, ce principe de dressage peut aussi servir à habituer les chevaux aux objets inconnus qu'ils sont susceptibles de rencontrer en extérieur : sacs en plastique, tracteurs bruyants, ballons qui éclatent... Comme avec le target training (voir pages 63-71), le cheval peut découvrir des objets courants à son propre rythme et apprendre à faire face au monde. Il n'y a aucune limite à votre imagination quand il s'agit d'habituer un cheval à son environnement.

Il est bon d'entraîner le cheval à mettre le pied dans un seau et d'en faire une expérience positive avant le jour où ce sera nécessaire.

« Baisse la tête » – La décontraction du corps et de l'esprit

N'importe quel cheval peut apprendre à baisser la tête au signal, à monter le dos, à baisser l'encolure et à se détendre en étirant sa ligne du dessus sans qu'il y ait besoin de gadgets ou d'autres moyens coercitifs. En abaissant la tête, le cheval assume une ligne du dessus plus décontractée, et la décontraction du corps induit celle de l'esprit.

Vous pouvez attendre un moment où le cheval baisse spontanément la tête, par exemple quand quelque chose par terre suscite sa curiosité. À ce moment, capturez son geste avec un clic et une récompense, en répétant tout en établissant un ordre approprié.

Dans l'alternative, essayez d'inciter le cheval à baisser la tête avec une friandise. S'il tient la tête dans la position désirée, encouragez-le d'un clic et ensuite d'une friandise. Commencez graduellement à tenir la main sous sa tête pour l'encourager à l'abaisser, en associant ce geste à un mot d'ordre, « En bas » par exemple. Vous pouvez peu à peu ne plus donner de récompense que lorsqu'il gardera la tête baissée sur un certain laps de temps, et rallongez progressivement ce dernier.

Quand le cheval répond à l'ordre verbal par l'immobilité, vous pouvez aller plus loin en lui demandant de baisser la tête au pas. Mettez-le en longe ou conduisez-le en main et donnez votre ordre. S'il donne le plus petit signe de réponse, marquez et récompensez, même s'il a à peine esquissé le geste. Vous pouvez ensuite recommencer prudemment à ne récompenser que s'il a tenu la position un peu plus longtemps. Vous pouvez aussi varier vos demandes quant au niveau de la tête, millimètre par millimètre, jusqu'à ce qu'il la tienne à la hauteur recherchée. Quand il répond

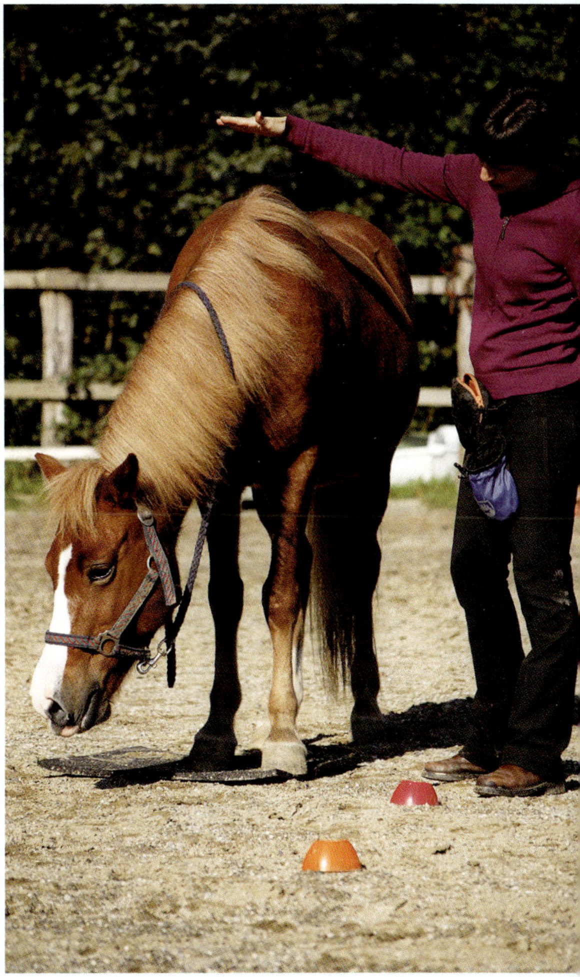

La main tendue à plat par-dessus le garrot ordonne clairement au cheval de baisser la tête.

plus systématiquement, vous pouvez aussi utiliser cette méthode pour communiquer vos desiderata au trot et au galop. Avec les chevaux qui ont du mal à transférer l'exercice de l'arrêt au mouvement, une barre au sol peut être utile, qui servira d'incitation environnementale autant que d'aide visuelle. Quand vous demanderez au cheval de s'en approcher, il baissera forcément la tête pour

Marquer le moment exact où le cheval baisse la tête et étire l'encolure encourage une bonne attitude en longe.

la regarder de plus près. À ce moment précis, cliquez et offrez une récompense ; plus tard, répétez cet entraînement sans la barre. L'un des avantages les plus significatifs du dressage par la récompense s'observe à la longe, car il devient possible de marquer un comportement correct exactement au bon moment et à distance. En longe, on se tient relativement loin et on ne peut normalement pas donner de récompense à l'instant même où il abaisse la tête dans la position souhaitable. Avec un son pour marquer et annoncer la récompense, on peut travailler sur l'attitude, car il a appris pendant le chargement du clicker que celui-ci signalait toujours une récompense, comme de la nourriture. Quand il entend le clic, il interrompt en général son action pour attendre de pied ferme sa friandise. Le cheval étant enclin à présenter le comportement qui s'est montré le plus gratifiant, à l'avenir il tient la tête en position basse plus souvent et sans qu'on lui demande rien. En outre, il manifeste plus d'enthousiasme pour le travail en longe puisque les récompenses occasionnellement distribuées le motivent et rendent tout le processus plus plaisant. Initialement, interrompez le travail en longe pour récompenser tous les deux tours, avant de rallonger progressivement l'intervalle.

Showtime ! – La révérence et le pas espagnol

Beaucoup d'entre nous rêvent de pouvoir apprendre au cheval à exécuter des tours de cirque car ils sont la preuve concrète de la bonne communication entre l'humain et le cheval. Le dressage par renforcement positif facilite la bonne exécution de ces exercices. Dans la section suivante, je décrirai en détail la révérence, qui dans le travail classique du cirque est la fondation à partir de laquelle on apprend au cheval à s'agenouiller ou à se coucher, et le pas espagnol, qui sert largement dans un travail plus avancé.

La révérence

Dans cet exercice, le cheval transfère le poids de son corps vers l'arrière et le haut tout en se soutenant sur un antérieur ou, pour être plus précis, sur le genou et le canon d'un antérieur. On observe parfois ce mouvement au pré, quand des chevaux essaient d'atteindre l'herbe de l'autre côté de la clôture. On note aussi des schémas similaires chez ceux qui font mine de se battre pour jouer.

Pour commencer, tendez au cheval un peu de nourriture juste au-dessus du niveau du sol, directement devant ses antérieurs, puis offrez-la à nouveau en passant cette fois votre main entre les antérieurs pour l'inciter à baisser encore plus la tête. Accompagnez bien sûr cette phase préparatoire d'un clic et d'une friandise.

Étape suivante : pour faciliter le travail, relevez doucement l'antérieur du cheval, toujours avec un mot d'ordre distinguant clairement ce geste de celui que vous faites pour lui demander de donner

Une fois que le cheval maîtrise les fondamentaux de la révérence, la friandise doit être proposée devant son poitrail pour éviter qu'il ne baisse la tête entre ses membres.

le pied quand vous le curez. En prenant son antérieur, faites attention à ce que la partie supérieure de l'antérieur reste verticale et le canon parallèle au sol : ce n'est qu'ainsi qu'il peut s'appuyer correctement sur l'antérieur, sans reporter tout son poids sur la seule articulation du genou.

Contentez-vous de soutenir prudemment le membre sans le tirer vers l'arrière.

Le mouvement vers l'arrière et le haut requiert une utilisation intelligente d'une friandise en longueur, comme une carotte. Le cheval suit le mouvement de lui-même ; vous-même devez faire attention à ce que l'antérieur continue de former un angle droit : si le genou recule trop, le cheval, instable, ne peut pas tenir l'équilibre et risque de basculer en avant.

Tenir la révérence sur la durée n'est possible que si le cheval est équilibré dans la bonne position. Le membre au soutien – l'antérieur qui porte le poids du corps – doit être vertical par rapport au sol, et l'antérieur tendu devant doit être aussi droit que possible. Les postérieurs ne doivent pas être trop rapprochés l'un de l'autre et aussi loin que nécessaire pour s'assurer que le membre au soutien n'entre pas en contact avec eux. Ainsi seulement le cheval peut tendre correctement son dos et éviter de le fatiguer.

Si ces éléments fondamentaux sont bien présents, le temps de maintien de la pose peut être rallongé en différant graduellement le moment où il se relève. Il est important de surveiller avec attention le cheval, ainsi que de cliquer et d'offrir une friandise juste au moment où il est sur le point de se relever. Dans la prochaine phase du dressage, vous devez lui demander de se relever juste avant qu'il ne veuille le faire de lui-même. N'essayez jamais de l'empêcher physiquement de le faire. Continuez d'allonger le laps de temps entre les friandises et concentrez-vous sur l'obtention de la révérence à la commande. Attention avec ce genre d'exercice, plus exigeant, que le cheval n'en fasse pas trop physiquement, par exemple en travaillant plus d'un côté que de l'autre ; pratiquez donc toujours la révérence des deux côtés.

La révérence doit être pratiquée des deux côtés pour assurer un assouplissement symétrique.

Le cheval apprend d'abord à tendre l'antérieur devant lui au contact de la cravache.

Le pas espagnol

Si le cheval a appris à tendre un antérieur sur commande à l'arrêt, par exemple sur une légère touche de la cravache ou du target stick, et peut marcher à vos côtés, vous pouvez alors commencer à combiner ces deux mouvements dans un pas espagnol.

Menez le cheval au pas et donnez-lui le signal qu'il a déjà appris en lui demandant de tendre un antérieur devant lui. Dès qu'il fait mine de l'avancer, même légèrement – la hauteur n'a aucune importance au début – récompensez par un clic et une friandise. Le cheval s'arrêtera alors de son propre chef. Touchez son antérieur juste avant qu'il n'avance ; sinon, le signal perturbera le rythme naturel de la foulée du cheval.

Répétez avec un seul antérieur et « relevez la barre » progressivement requise pour gagner sa friandise. Tout d'abord, récompensez le cheval chaque fois qu'il tend l'antérieur devant lui, puis plus tard uniquement quand il le lève plus haut et l'étire. Il est important de ne jamais le récompenser quand il tend le mauvais antérieur, ce qui risque de provoquer une confusion plus tard. Parallèlement, vous devez aussi travailler de l'autre côté pour permettre un développement musculaire symétrique et empêcher toute accumulation de tension.

Enchaînez ces deux exercices pour obtenir un début de pas espagnol. Faites quelques pas avec un membre, puis avec l'autre. Le premier changement au temps doit être marqué d'un clic et de louanges exagérées. À partir de là, vous pouvez commencer à demander une jambette d'un antérieur à l'autre en rythme, et compliquer encore l'exercice en ne récompensant que les pas particulièrement réussis.

Dans le pas espagnol, le rythme et l'équilibre sont plus importants que la hauteur des antérieurs dans l'étirement. Un pas espagnol bien exécuté n'a pas à être particulièrement spectaculaire. La hauteur à laquelle un cheval peut lever ses antérieurs de façon symétrique dépend de sa conformation et du degré de rassembler dont il est capable.

En revanche, l'expression qu'il met dans l'exercice a plus à voir avec la personnalité du cheval. Le pas espagnol est d'autant plus expressif que le cheval s'amuse vraiment à l'exécuter et qu'il a trouvé l'apprentissage amusant.

Les assouplissements à pied

Pour le travail sur les déplacements latéraux, il est essentiel que le cheval comprenne les aides de main. La main qui se ferme sur la rêne gauche doit inciter le cheval à tourner la tête à gauche, la main qui se ferme sur la rêne droite doit entraîner un pli à droite. Plus tard, on doit non seulement pouvoir contrôler l'orientation du pli mais aussi son degré. Le cheval doit être capable de reconnaître à la tenue et aux effets de rênes s'il doit exécuter une épaule en dedans ou un travers.

Pour lui enseigner les aides de main, attirez sa tête à droite et à gauche avec une friandise. S'il tourne la tête même légèrement dans la bonne direction, cliquez et récompensez. Augmentez le degré de pli petit à petit jusqu'à obtenir la position souhaitée.

Le cheval peut apprendre à interpréter les aides de main dans des exercices à pied.

Ne récompensez pas constamment ; établissez comme signal la main fermée sur la rêne et commencez à prendre du contact sur la bouche plusieurs fois avant d'utiliser une friandise. Ensuite, ne faites plus que semblant d'avoir une friandise dans la main, jusqu'à ce que le cheval réagisse à la rêne comme vous le voulez. Mais même quand vous retirez les leurres pour demander directement le pli, continuez d'utiliser le clicker et la friandise pour indiquer au cheval qu'il fait ce qu'il faut.

Pour le travail en main, il est très important que le cheval apprenne les signaux de l'arrêt et du pas. La plupart des chevaux sont déjà habitués à se concentrer sur leur dresseur quand il les conduit en main, de sorte que si vous vous arrêtez brusquement, il va probablement s'arrêter net lui aussi, par habitude. Vous pouvez en tirer profit en ajoutant « Halte », ou un autre mot de votre choix, juste avant de vous arrêter. Arrêtez-vous, et quand le cheval s'arrête et se tient immobile, récompensez-le par un clic et une friandise. Faites exactement de même pour repartir de l'arrêt. Dites « Marche », marchez et cliquez et récompensez le cheval quand il vous suit. Pour qu'il ne s'ennuie pas trop vite, arrêtez-vous en différents endroits du manège et pendant des figures de manège variées, comme des cercles ou des voltes.

L'épaule en dedans

L'épaule en dedans est l'exercice d'assouplissement le plus élémentaire du dressage

On peut développer l'épaule en dedans à partir d'une volte en main.

classique. Le cheval se déplace de côté et en avant, incurvé, sur trois ou quatre pistes, selon le degré de difficulté.

L'épaule en dedans améliore le contact, elle développe l'incurvation et la souplesse du cheval tout en rendant ses mouvements plus fluides et en le préparant au ressembler et au travail sur la rectitude plus tard. Le corps du cheval est positionné presque comme si vous commenciez une volte.

Menez votre cheval au pas avec un léger contact sur la piste. Tournez comme si vous alliez exécuter une volte mais au lieu de la poursuivre, conservez la position après le premier pas et attendez une ou deux foulées d'épaule en dedans du cheval. Dès que c'est fait, cliquez et récompensez.

Les aides doivent venir de votre propre posture et de votre position. La direction dans laquelle vous marchez montre au cheval où aller. Une légère touche sur les rênes des deux côtés en même temps rassemble le cheval sur votre main. Votre regard vers les postérieurs représente votre signal d'engagement latéral, et un léger contact sur la rêne intérieure positionne la tête du cheval.

Chaque fois que le déplacement latéral est trop accentué, continuez la volte, et à la fin de celle-ci réessayez. L'impulsion en avant empêche les postérieurs de croiser trop loin au-delà du centre de gravité du cheval ; pour bien réaliser ce mouvement, il doit s'engager sous son centre de gravité. Si le cheval tente de précipiter, rompez l'exercice et faites autre chose jusqu'à ce qu'il s'apaise. S'il n'y a pas assez de pli, revenez à l'exercice où vous demandiez au cheval un pli à gauche et à droite à l'arrêt.

Si après plusieurs répétitions, vous obtenez les prémices d'une épaule en dedans et que le cheval, motivé par les récompenses, ne rechigne pas, commencez à peaufiner le mouvement. Commencez le travail sur un cercle depuis la piste car vous vous ferez une meilleure idée de l'exécution de l'épaule en dedans sans le soutien de cette dernière. Demandez progressivement plus de foulées, toujours aidé par les récompenses. Maintenant, vous pouvez aussi commencer à accentuer le rassembler, les postérieurs s'engageant plus loin sous le cheval. Il vous faut coordonner vos aides avec précision. Combinez les actions de main avec une touchette sur différentes parties des postérieurs, à l'aide de la cravache ou du target stick, pour enseigner les différents composants du mouvement. Une touche sur la cuisse signifie « plus en avant », une touche sur la croupe signifie « abaissement des hanches et engagement » ; une touche sur le jarret signifie « lever la jambe plus haut et la poser à la fin du contact ». Tout ceci devra avoir été appris et répété pendant le shaping.

Pour le travail au trot, il faut en premier lieu indiquer clairement au cheval qu'il doit trotter calmement et en rythme à vos côtés. Demandez-lui le trot d'abord en courant à côté de lui. S'il trotte sur quelques foulées avec vous, donnez une réponse positive. Vous devez maintenant courir moins, mais faire de plus longues foulées, car le cheval doit rester à l'allure requise de lui-même, et en courant vous ne pouvez garder les mains fixes.

Quand le cheval sait trotter en main avec plaisir, vous pouvez débuter le travail sur l'épaule en dedans à cette allure, tout en peaufinant le mouvement au pas. Comme toujours, travaillez également des deux côtés, et jamais très longtemps, car l'exercice exige une importante concentration.

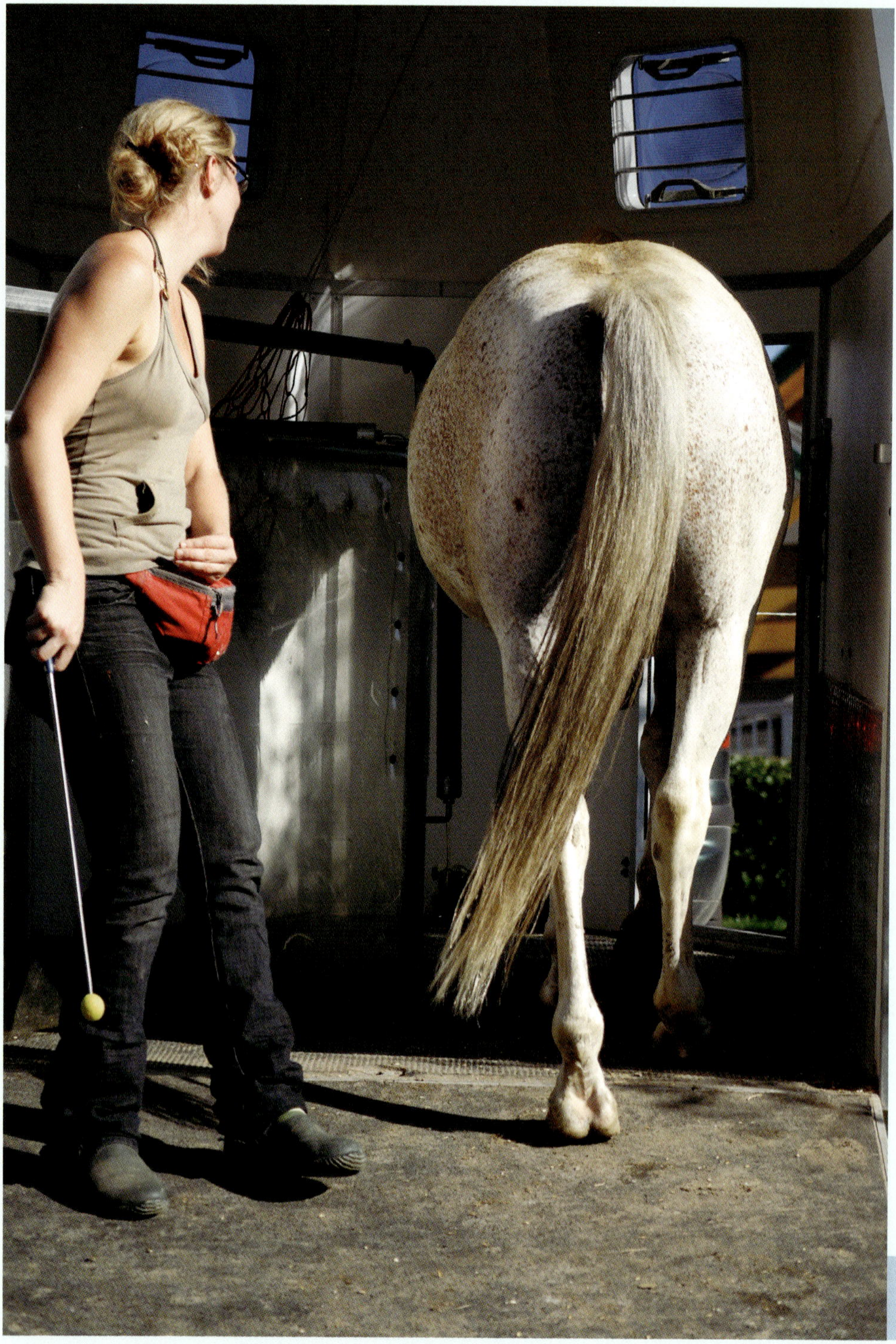

Comment apprendre au cheval à embarquer tout seul

Une fois que le cheval a appris à suivre un target stick ou simplement la main, on peut incorporer d'autres exercices en préparation du premier déplacement en van ou en camion. Vous pouvez le conduire sur différentes surfaces, comme des planches de bois, des bâches ou même une passerelle, en lui donnant sa récompense quand il se tient dessus, ou encore le mener et le faire reculer dans des espaces étroits. Ainsi, vous lui présentez beaucoup des éléments qu'il devra affronter quand il devra embarquer pour la première fois, mais dans un environnement plus décontracté et plus ludique.

S'il reste détendu tout au long de la séance, vous pouvez alors vous entraîner avec un van sécurisé et fermement arrimé. Laissez-lui beaucoup de temps, dans la paix et le calme, pour pratiquer en toute sérénité. Préparez le van en plaçant à l'intérieur une cible qui servira à positionner la tête du cheval, et une mangeoire bien remplie à l'avant. Faites-lui traverser la rampe plusieurs fois en largeur, en récompensant à chaque succès. Au moindre signe de stress, reculez d'une étape.

Si tout se passe bien, conduisez-le le long de la rampe cette fois, en cliquant et récompensant chaque pas. Suivant l'expérience du cheval, après quelques pas sur la rampe, donnez-lui l'ordre du reculer et récompensez ces étapes de la même façon. Si pendant cette séance le cheval monte dans le van, marquez et récompensez quand il s'arrête à la cible à l'intérieur. Une fois qu'il a reconnu l'intérieur du van comme la cible et un endroit où il est désireux d'aller, accompagnez-le sur la rampe puis, avec un mot pertinent, comme « Dedans », indiquez qu'il doit marcher seul vers sa cible. Celle-ci atteinte, en d'autres termes quand il se tient à l'intérieur, il doit remporter le jackpot, un seau rempli de nourriture. Après plusieurs jours d'entraînement, il sera capable d'embarquer joyeusement et d'aller jusqu'à la cible pour manger. Introduisez progressivement les autres éléments qu'implique un déplacement : mettre la barre anti-recul, relever le pont, attacher le cheval, déplacer réellement le van avec le cheval à l'intérieur.

L'objectif de l'exercice : se passer graduellement des récompenses et laisser le cheval embarquer avec quelques mots de félicitations plutôt qu'avec des friandises. Si tous les éléments de l'embarquement et du voyage sont enseignés prudemment et avec patience à l'aide du renforcement positif, le terrifiant van peut devenir l'un des endroits favoris du cheval.

L'objectif de l'exercice : apprendre au cheval à monter de lui-même et avec plaisir dans le van.

Les récompenses dans le travail monté

L'harmonie en selle

Bon nombre d'entre nous ne montent d'une façon ou d'une autre que parce que nous avons toujours monté ainsi, parce qu'une certaine tradition l'exige ou parce que nous nous sommes fixé un objectif précis, comme la réalisation de figures difficiles. Si vous vous plongez dans les raisons qui vous ont incité à vous lancer dans l'équitation, vous découvrirez peut-être ce que vous ressentez réellement. Les mouvements du cheval meuvent le cavalier autant à l'extérieur qu'à l'intérieur. Le mot « émotion » vient en effet du mot latin *motio* : nos émotions sont littéralement nos « mouvements » intérieurs. Nous les exprimons toutes par notre corps. Quand on a froid, on contracte les épaules ; quand on est heureux on bondit de joie... Il en va de même pour le cheval : ses mouvements à lui aussi sont directement reliés à ses émotions telles qu'exprimées par son corps. Le cheval étant plus ou moins directement conscient de ce qu'il ressent, il vit plongé dans un univers fait d'émotions.

À cheval, beaucoup de gens ont le désir de faire partie intégrante de cet univers ; voilà le rêve qu'ils poursuivent. On veut partager un plaisir commun, ressentir la puissance pure et la souplesse du cheval. Mais quand on a conscience que le cheval ne peut jamais transmettre que les émotions qu'il ressent véritablement quand il est monté, on comprend pourquoi un trot paresseux quoique confortable semble faible et terne. On ne peut attendre du cheval une attitude positive et heureuse quand il ne ressent absolument aucune joie à être monté. Il y a bien des manières d'engendrer un cheval bien dressé, mais dans le dressage par renforcement positif, l'équitation est en quelque sorte un dialogue fait d'émotions. Vous devez aider le cheval à exceller et à briller pour pouvoir apprécier et partager ce sentiment, à la fois sur le plan physique et émotionnel.

Une équitation respectueuse du cheval

Le cheval ne peut se déplacer dans la décontraction et la souplesse que s'il fait confiance à son cavalier, confiance forgée grâce à la prévisibilité des réactions de ce dernier, sa concentration totale, l'empathie vis-à-vis du cheval et la tolérance face à l'expression des émotions de celui-ci. Un cheval heureux se remarque à son expression. Ses oreilles sont en mouvement constant et il s'intéresse au monde autour de lui. Il prend plaisir à son travail, il prend plaisir au mouvement et arbore une attitude pleine de fierté. Le dressage du cheval par le renforcement positif, focalisé sur la liberté émotionnelle du cheval, permet à sa personnalité de s'épanouir. Dressé avec cette méthode, il a plus confiance en lui, semble aimer ce qu'il fait et se sentir bien. Ce sont là d'excellentes fondations pour que le cavalier lui-même puisse prendre du plaisir à cheval.

Bien sûr, on aime passer du temps en compagnie des chevaux, mais l'équitation reste pour beaucoup la principale raison de notre implication avec eux. Ne faire qu'un avec le cheval, communiquer vraiment avec son partenaire équin comme deux danseurs, tout ceci est inséparable du rêve de monter à cheval et d'être propriétaire. Mais combien de fois voyez-vous l'image rien moins qu'harmonieuse de chevaux stressés et contractés ? Et des cavaliers qui semblent surtout remplir une corvée ?

Il existe de nombreux niveaux dans la conversation possible avec le cheval monté. Il y a le niveau physique, qui fonctionne comme une combinaison d'équilibre et de tact, et un autre niveau de compréhension, qui reconnaît consciemment la connexion et la reflète dans la relation avec le cheval. Chaque cheval comprend d'instinct certaines aides, comme le report de votre poids d'un côté à l'autre. Il n'a pas à les apprendre laborieusement. Le cavalier est de son côté encouragé à développer ses capacités propres, son équilibre et son autonomie. Mais il existe d'autres types d'aides, les jambes, la voix et les mains. Ce sont tous des signaux que le cheval ne comprend pas de façon innée mais dont il doit apprendre activement le sens. Aucun jeune cheval ne sait au premier jour de son travail qu'une pression des jambes lui ordonne normalement de marcher en avant. Au contraire,

Le cheval qui voit le travail monté comme une expérience agréable pose un regard positif sur son travail.

bien des jeunes resteront immobiles. Ce sont là des signaux qu'ils doivent assimiler.

À ce stade, le cavalier est à un carrefour : il doit décider quelle voie suivre. Dans la tradition classique, le cheval apprend généralement les aides du cavalier par l'utilisation du renforcement négatif. Les aides agissent avec de plus en plus de force jusqu'à ce que le cheval réagisse ; ou encore un autre moyen de coercition comme la cravache ou un enrênement comme les rênes allemandes sont utilisés pour susciter sa réponse.

Le cheval répondant aux deux méthodes (renforcement positif et négatif), j'estime qu'on doit toujours opter pour celle qui est exempte de force et de coercition, ce qui profite aussi à la bonne santé mentale du cheval.

Le plaisir, facteur de métamorphose

Si l'implication émotionnelle du cheval dans son travail change, cela se reflète très vite dans sa locomotion et dans un meilleur développement musculaire. Un cheval satisfait et heureux paraît mieux travaillé, la ligne du dessus de meilleur aspect, et il semble plus fort et mieux équipé pour porter un cavalier. De même, des expériences réalisées sur des athlètes humains ont démontré une meilleure condition physique et un développement musculaire accru quand les athlètes prenaient plaisir à leur sport au lieu de se contenter d'une exécution de routine des mouvements.

L'attitude du cheval et du cavalier reflète toujours les méthodes de travail.

Donner un nouveau sens aux aides déjà acquises, telle est la première étape du changement de style d'équitation. Quand on félicite et qu'on récompense le cheval chaque fois qu'il fait bien, il est beaucoup plus motivé et attentif à son travail : il marche au pas à la plus infime demande, le départ au galop est énergique, le reculer vient en réponse à un simple report de poids... À cheval, le clicker et la récompense restent tout aussi utiles en réaction au mouvement ou comportement désiré. Car les bonnes réponses aux aides seront données avec beaucoup plus d'enthousiasme à l'avenir avec cette méthode. L'attitude physique et l'expression du cheval prouveront qu'on a choisi la bonne voie car il est plus curieux et plus alerte. Vous avez enfin trouvé comment vous communiquer mutuellement vos désirs et vos besoins.

On aimerait bien avoir trois bras...

Mais quand on utilise la récompense en selle, on s'aperçoit très rapidement qu'il faut être particulièrement multitâches. La coordination des mouvements et du bon timing n'est pas aussi simple qu'on pourrait le croire.

Vous aurez un gros atout si vous conditionnez le cheval à répondre non seulement au clicker lui-même mais aussi à un simple claquement de langue, à un mot ou à un son quelconque qui le félicite. L'avantage : plus besoin de tenir le clicker dans une main, vous aurez les deux mains libres pour tenir

De courtes pauses récompenses en selle motivent le cheval et renforcent le lien avec son cavalier.

les rênes. Les friandises pouvant être stockées dans une sacoche de selle ou dans une banane, il vous suffit de tenir les rênes d'une main et d'offrir la friandise de l'autre.

Clairement, au début, l'équitation avec clicker est très différente d'une leçon habituelle. Les exercices sont continuellement interrompus par l'arrêt du cheval le temps de recevoir ses friandises. La séance a l'air un peu décousu. Il faut un moment au cavalier formé à l'équitation traditionnelle pour s'y adapter, mais pour le cheval ce sera très certainement la plus agréable séance de travail de sa vie : il reçoit une réponse positive constante, il est félicité et croule sous les friandises.

- Le cheval reçoit des informations précises quant à ce qu'il a fait correctement et s'implique de ce fait plus dans son travail.
- Pour un dressage efficace grâce au clicker, le cavalier doit réfléchir à ce qu'il exige du cheval, en termes de comportement et de mouvements, et apprendre à les identifier dès qu'il les observe.
- Le cheval ne pouvant se concentrer que quelques minutes à la fois, il importe de lui accorder de nombreuses petites pauses.
- Terminez chaque exercice à son apogée, n'attendez pas que les choses tournent mal.
- Sans cesse récompensé, le cheval s'amuse énormément quand il est monté et le travail lui devient plus bénéfique.

- En changeant de côté et en offrant les friandises alternativement de la gauche puis de la droite, on offre au cheval des étirements et des assouplissements symétriques.
- Le succès ne se faisant pas attendre, on peut rallonger les séances plus rapidement et diminuer les interruptions. On obtient vite une véritable fluidité.

Cas pratiques de travail monté avec récompense

Bas et long – Un exemple de shaping

Il est bon pour le cheval d'apprendre à s'étirer vers le bas, et c'est aussi utile pour le rééquilibrer après lui avoir demandé une attitude relevée. Il doit monter le dos en baissant la tête et l'encolure, en engageant les postérieurs plus loin sous la masse et en mobilisant ses abdominaux. Cette attitude étirée, suscitée par l'assiette du cavalier, peut être favorisée par le shaping. Tout d'abord, utilisez le clicker pour marquer puis récompenser chaque fois que le cheval étire et abaisse l'encolure jusqu'à un point défini, par exemple quand la bouche est au niveau de la pointe de son épaule.

Après quoi, définissez d'autres critères : l'engagement des postérieurs, monter le dos et le garrot. Petit à petit, ne marquez plus que les foulées très réussies. Pratiquez le bas et long à toutes les allures lors des futures séances de travail. Pour ne pas interrompre constamment le mouvement, vous

Le bas et long peut aussi être pratiqué avec un simple collier, sans filet.

pouvez aussi recourir au signal demandant de continuer, détaillé page 116.

Enseigner les aides montées – Les fondamentaux

Pour enseigner les aides montées, il importe de respecter des principes précis, valables pour toutes.

Si l'on veut lui faire découvrir un nouvel exercice, il faut travailler initialement sans les aides, qui seront enseignées plus tard, mais

Les exercices difficiles, comme le tour sur les hanches avec un collier seulement, doivent être pratiqués régulièrement pour que le cheval les exécute avec confiance.

en se servant tout d'abord des seules réactions naturelles du cheval. Un exemple : utiliser son propre poids du corps pour déséquilibrer le cheval, afin qu'il s'efforce de retrouver l'équilibre en croisant sous lui pour trouver son nouveau centre de gravité.
Il serait absurde d'utiliser l'une des aides à introduire plus tard, car à ce stade le cheval ne les connaît pas et ne les comprendra pas, et ne réagira donc pas comme on le souhaite. On peut donc soit utiliser son propre poids du corps soit demander à un aide au sol de donner les signaux enseignés dans le travail en main pour demander au cheval

Les chevaux aussi peuvent oublier

Vous souvenez-vous des règles mathématiques les plus importantes ? Non ? Vous vous souvenez peut-être des règles de multiplication des fractions ? Non, vraiment ? Eh bien, vous n'êtes pas le seul. Tout comme nous ne souvenons pas de tout ce que nous avons appris par le passé, le cheval oublie parfois les exercices qu'il n'avait pas parfaitement compris ou qu'il n'a pas exécutés depuis longtemps.
Particulièrement sous la selle, le cheval apprend une infinie variété d'aides, de signaux et de figures différentes, auxquels on lui demande d'ajouter en plus une grande souplesse physique. Il n'est que naturel qu'à l'occasion, l'exercice ne soit pas parfait. Chaque fois qu'il ne réagit pas à une aide, posez-vous les bonnes questions : « Comprend-il réellement mes aides ? L'ai-je dressé à répondre à cette aide précisément ou pourrait-il la confondre avec une autre ? Ai-je appliqué mes aides comme de coutume, ou suis-je peut-être un peu plus raide aujourd'hui ? Mon cheval est-il physiquement capable de faire ce que je lui demande ? Est-il suffisamment motivé ? Avons-nous pratiqué cet exercice avec suffisamment de régularité ces derniers temps ? » Il est injuste de lui demander l'impossible. Le cavalier doit toujours s'efforcer en toute bonne foi de réfléchir à ce qu'il fait et à ce qu'il demande, et toujours chercher en lui-même la cause d'une mauvaise réponse ou d'erreurs.

Dans le travail par renforcement positif, le cavalier peut enseigner au cheval le sens des aides individuelles par petites étapes.

une action précise. Petit à petit, on se dispense de l'assistant à pied en introduisant l'aide appropriée.

On s'appuie ainsi sur le mode d'apprentissage du cheval. Les aides du cavalier ne sont apprises et comprises que si après un ordre, dans ce cas l'une des aides, le cheval affiche le comportement ou l'action requise. Pour clarifier, pensez à tous les chevaux de club constamment « titillés » par les jambes de cavaliers inexpérimentés. Le cheval réagit de moins en moins et l'aide de la jambe perd tout effet. C'est ce qu'on appelle « un cheval blasé à la jambe ». C'est une conséquence du mode naturel d'apprentissage. Tout stimulus extérieur appliqué en permanence, que ce soit par la main instable du cavalier débutant ou par la jambe qui bat constamment les flancs, devient coutumier ; il n'a donc plus aucun sens et ne suscite de ce fait aucune réaction. C'est comme un bruit de fond. Si vous ne voulez pas tomber dans ce travers - souvenez-vous que ce comportement n'est pas de la faute du cheval mais du cavalier - n'appliquez une aide que si le cheval est à même de la comprendre comme un signal visant à influencer ses mouvements. En d'autres termes, n'appliquez l'aide que lorsqu'il sait quel comportement ou quelle action elle est supposée induire.

Par exemple : l'aide du départ au galop ne peut être introduite que lorsqu'on arrive déjà à faire galoper le cheval, soit en suivant un cheval plus expérimenté au galop soit sur l'ordre verbal d'un longeur. Vous ne devez introduire la nouvelle aide que si vous êtes sûr qu'il va galoper pour lui indiquer que, désormais, il doit galoper à ce nouveau signal. Seul un bon timing dans l'application de l'aide juste avant le départ au galop, puis le remplacement total des autres aides (comme la voix du longeur) par la nouvelle lui fait comprendre le sens de l'aide du départ au galop. Si la transition est récompensée suffisamment souvent, le cheval accepte alors de bon gré les aides du départ au galop pour ce qu'elles sont.

Le cheval doit donc associer l'aide nouvellement introduite à ses propres actions pour qu'elle devienne le catalyseur du mouvement attendu. Bien entendu, l'aide demandant un comportement en particulier doit être identique à chaque fois, ce qui nécessite de grandes compétences équestres de la part du cavalier. Au début, le cheval juge le travail plus facile s'il reçoit un ordre verbal en sus de la nouvelle aide, parce qu'il s'est normalement habitué à l'utilisation de cet ordre verbal durant le travail en main.

Le « signal-relais »

À cheval, on préfère récompenser sans pour autant interrompre l'exercice. Au galop, par exemple, il n'est pas très raisonnable de cliquer trop souvent car le cheval doit s'arrêter de galoper pour recevoir sa friandise, et un arrêt brutal et trop fréquent risque de peser sur les articulations. Pour les situations de ce genre, l'introduc-

Une transition galop-arrêt est très dure du point de vue articulaire ; c'est pourquoi il est bon d'instaurer un mot d'ordre demandant de continuer.

tion d'un signal demandant de continuer, une sorte de signal-relais avant le renforçateur secondaire, est très utile. Il devient un nouveau marqueur après l'établissement de l'exercice, prévenant de l'arrivée du renforçateur secondaire, le clic, et du renforçateur primaire, la récompense réelle sous forme de la friandise à venir. Ce signal est établi pour dire au cheval qu'il fait ce qu'il faut et que s'il continue il aura bientôt une récompense. C'est une façon de lui dire « Tu y es bientôt ». Le cheval reste motivé car il espère recevoir sa récompense et de ce fait garde sa concentration ; par ailleurs, le signal l'encourage à travailler plus dur.

Pour que le cheval comprenne ce nouveau marqueur, il doit être conditionné comme pour le clicker. À cheval, le mieux est de l'introduire pendant un exercice simple que le cheval connaît bien, par exemple le galop sur une longue distance. Pendant que le cheval galope, au moment où l'on utiliserait normalement le clic qui entraînerait l'arrêt du comportement (galop), donnez en lieu et place le nouveau mot d'ordre, par exemple le mot « Bien » ou « Continue ». Peu de temps après, cliquez comme d'habitude et donnez la friandise.

Dans les répétitions qui suivent, il est important de conserver le même ordre : le cheval exécute le comportement – le nouveau signal lui demande de continuer de plus en plus longtemps, le clic vient en renforçateur secondaire pour annoncer le renforçateur primaire. Dans le travail qui suit, ce nouveau renforçateur doit être introduit de plus en plus fréquemment, chaque fois que vous ne voulez pas d'interruption du mouvement. Une fois établi, ce signal est un outil très important pour enseigner des exercices nouveaux et complexes.

Qui peut le moins peut le plus

De nombreux cavaliers rêvent de pouvoir monter leur cheval avec un simple collier, ou même sans rien, et de pouvoir communiquer ainsi avec lui. La façon dont les ordres ou les aides sont dispensés est importante ici. Au début ou dans la phase de transition, on peut monter en combinant collier et filet, en utilisant de moins en moins les rênes et de plus en plus le poids et la voix. Commencez par les exercices les plus faciles et progressez vers de plus compliqués.

Si vous ne voulez pas interrompre un mouvement complexe comme le renvers, donnez un signal demandant de continuer jusqu'au prochain clic.

Au début, restez au pas et entraînez-vous à vous arrêter, à marcher et à tourner. Si vous voulez vous passer complètement des rênes, vous devez veiller à toujours appliquer les aides dans un ordre précis : la voix la première, puis le poids du corps ou les jambes, puis le collier et enfin seulement les rênes. Si le cheval répond dès l'ordre verbal, félicitez-le avec enthousiasme.

Pour tourner, vérifiez toujours d'abord si le cheval réagit à votre seul poids du corps. Si ce n'est pas le cas, servez-vous du collier du côté opposé à la direction où vous voulez tourner pour indiquer clairement la direction souhaitée au cheval. Si la communication via le collier fonctionne, répétez l'exercice en laissant le collier tranquille et en vous focalisant sur les aides restantes. Ce type d'équitation n'est bien entendu raisonnable que si vous travaillez dans un environnement sûr et que vous vous sentez à l'aise et confiant. C'est un apprentissage long mais qui peut favoriser l'harmonie et au final faire du cheval et du cavalier une vraie équipe.

Le dressage par renforcement positif permet de réaliser son rêve de monter sans filet.

Le plaisir du mouvement partagé est le fruit d'un dressage agréable pour l'animal.

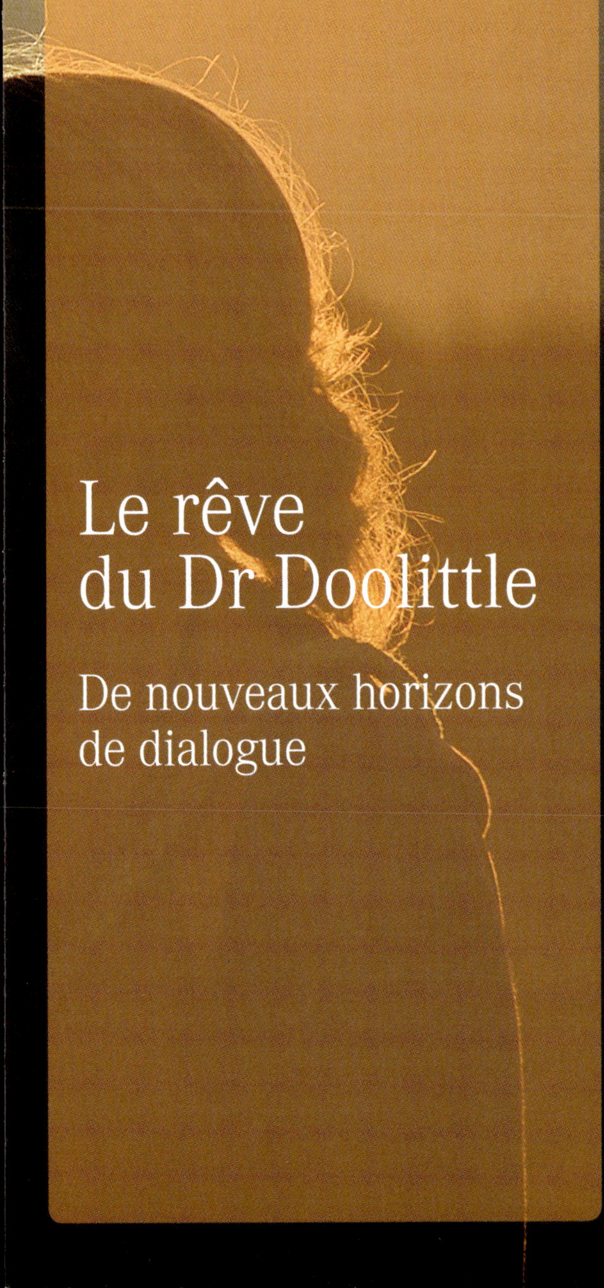

Le rêve du Dr Doolittle

De nouveaux horizons de dialogue

Une fois sur cette nouvelle voie de communication, quand on a élargi les horizons de la conversation entre humain et cheval, on se sent plus proche de l'être même du cheval. Ce livre n'a aucune prétention à être un recueil de recettes brevetées. Ne pensez pas que les exemples donnés ici peuvent être simplement copiés et qu'ils auront exactement la même allure dans votre carrière à la maison. Il n'y a pas de solution parfaite, pas d'instructions pas à pas capables de fonctionner avec n'importe quel cheval et dans n'importe quelle situation. Mais je suis convaincue que, dans ce livre, le lecteur trouvera des idées pour passer du temps avec son cheval et qu'il sera impatient d'essayer certaines des méthodes. J'ai voulu présenter leurs atouts inhérents et, je l'espère, les faire apprécier.

Il existe un vrai dialogue quand chaque participant est sensible à l'émotion de l'autre.

Un échange dans la franchise et la réciprocité des volontés et des besoins sont la clé de voûte de toute communication, quel qu'en soit le niveau, où l'humain et le cheval se regardent les yeux dans les yeux. Dans ce livre je n'ai pu vous montrer que quelques-unes des compétences fondamentales nécessaires pour établir un langage commun avec le cheval, en vous enseignant quelques-uns des mots importants, une structure logique

de compréhension et peut-être même quelques phrases utiles dans une langue étrangère.
Mais même si on lit tous les manuels de langues et que l'on connaît tout le vocabulaire sur le bout des doigts, on peut n'en être pas plus capable de conduire une conversation. Une discussion sérieuse avec votre partenaire n'est pas marquée par le fait que vous parlez la même langue, mais plutôt qu'il existe un intérêt mutuel, une curiosité à propos des sentiments de l'autre et un échange symétrique d'informations et d'émotions.
L'humain, sans cesse submergé d'idées, doit poser sur lui-même un regard critique et se demander s'il est vraiment capable d'être un interlocuteur plaisant pour le cheval. Même en dressage par renforcement positif, il existe toujours le risque de lui imposer la communication et de décider du sujet de conversation. Un partenariat confiant est nourri par une coopération équilibrée. Le cheval dans son état naturel peut nous apprendre l'art d'écouter et d'observer avec attention.
Est-ce un vrai dialogue ? À mon avis, il n'y a de vrai dialogue que si chaque participant est sensible à la voix de l'autre. Le cheval a un instinct très sûr quand il s'agit de capter nos émotions ; il peut lire notre langage corporel et tirer ses propres conclusions des signaux que nous envoyons. Le cheval lui-même ne peut s'exprimer que par son langage corporel. Notre capacité à percevoir les émotions du cheval et à adapter notre comportement en conséquence est donc un facteur décisif dans le développement de notre dialogue.
Pendant le dressage, il est très important à mes yeux que le cheval prenne plaisir à travailler avec son dresseur et le montre par ses expressions. Un regard doux et alerte, la décontraction autour de la bouche ou une lèvre supérieure protubérante et curieuse en sont tous des signes. Dans ce livre, je n'ai sélectionné que des images de chevaux qui montrent le plaisir qu'ils prennent avec leur dresseur. De mon point de vue, il n'y a que lorsqu'on a un cheval heureux pour partenaire que le dressage prend tout son sens.
Tout feed-back que renvoie le cheval est donc à prendre en compte dans le dialogue. Même quand il exprime douleur ou stress, cela fait aussi partie de votre conversation non verbale. S'il vous envoie un message, il vous incombe de faire de votre mieux pour y répondre. Pour le cheval, le mot le plus important dans votre dictionnaire mutuel, outre votre « oui », c'est la certitude que vous entendrez son propre « non » silencieux.
À mon avis, les méthodes présentées dans ce livre sont la fondation d'un langage commun. Vous avez appris ici un vocabulaire commun et quelques bases de grammaire, dans la pratique quelques combinaisons de mots et de signes qui vous rendront, à l'aide du shaping ou du target training, intelligible. Pour passer à la version « avancée » de ce dialogue et réaliser un travail plus complexe avec le cheval, vous devrez peaufiner cette compréhension. C'est le cheval qui, par sa propre créativité, vous ouvrira de nouvelles possibilités. Il est capable d'apprendre des concepts compliqués, de nouveaux exercices et des jeux si vous le lui permettez et l'accompagnez dans le processus d'apprentissage. Le langage que le cheval et vous-même partagez sera unique. En prenant le temps de comprendre le cheval, vous pouvez réaliser ce dont vous avez rêvé si longtemps.

Annexes

Remerciements

Mes remerciements les plus sincères vont à mes modèles bipèdes et quadrupèdes magnifiquement saisis par l'objectif de Cornelia Ranz. Je souhaite tout particulièrement remercier Alexandra, Verena, Kerstin, Marianne, Cornelia, Nadja, Sylvia, Edgar, Ute, Nina, Patricia, Stefanie, Martina, Erika, Julia, Nathalie, et leurs chevaux Bessi, Gloa, Selina, Naps, Jimmy, Nora, Faroush, Dinah, Naeryo, Spark of Hope, Prinz William, Lego, Morghain, Olaela, Moirin, Doc Hollywood, Skadi, Enja, Cheri et Bernhard. Sans vous tous, le clicker training ne serait pas ce qu'il est : cette méthode de dressage n'a pris vie que grâce à vos efforts et à votre enthousiasme.

Du même auteur

Marlitt Wendt, *Mieux comprendre son cheval*, Éditions Vigot, 2013.

Contacter l'auteur

www.pferdsein.de : page d'accueil du site de Marlitt Wendt avec des informations (en allemand) sur le comportement équin, des méthodes de dressage créatives, et des offres de séminaires en biologie comportementale.

Index

Traduit de l'anglais par Claire Charles
Photographie de couverture : iStockphoto
Photographies intérieures : Cornelia Ranz

Réalisation de la version française et couverture : Patrick Leleux PAO

23, rue de l'École-de-Médecine, 75006 Paris, France

ISBN : 978-2-7114-2228-9
Dépôt légal : mai 2013
Achevé d'imprimé en France par Chirat

Parler avec
son cheval